SIX THINKING HATS

六顶思考帽

如何简单而高效地思考

[英] 爱德华·德博诺◎著
马睿◎译

中信出版集团·CHINACITICPRESS·北京

图书在版编目（CIP）数据

六顶思考帽 /（英）德博诺著；马睿译. -- 北京：
中信出版社，2016.10（2026.1 重印）
书名原文：Six Thinking Hats
ISBN 978-7-5086-6534-4

I. ①六… II. ①德… ②马… III. ①思维方法
IV. ①B804

中国版本图书馆 CIP 数据核字（2016）第 181031 号

六顶思考帽

著　　者：[英] 爱德华 · 德博诺
译　　者：马　睿
策划推广：中信出版社（China CITIC Press）
出版发行：中信出版集团股份有限公司
（北京市朝阳区东三环北路 27 号嘉铭中心　邮编　100020）
（CITIC Publishing Group）
承 印 者：河北鹏润印刷有限公司

开　　本：880mm × 1230mm　1/32　　印　　张：7.25　　字　　数：120 千字
版　　次：2016 年 10 月第 1 版　　印　　次：2026 年 1 月第 51 次印刷
京权图字：01-2016-5744
书　　号：ISBN 978-7-5086-6534-4
定　　价：42.00 元

白色思考帽

红色思考帽

黄色思考帽

黑色思考帽

绿色思考帽

六顶思考帽方法大概要算是过去 2 300 年来人类思维方式方面最为重要的变化了。

这听起来似乎有点夸张，但已经有证据指向这一结论。30 年前本书首次出版时，人们一定会觉得这是一派胡言。但这些年来，支持这种说法的证据越来越多。

一家大公司（ABB 集团）过去要花 30 天时间进行跨国项目的团队讨论。使用六顶思考帽方法的平行思考法（parallel thinking）后，只需短短两天就能完成。顶尖的 IBM 实验室的一名研究员告诉我，六顶思考帽方法将他们的开会时间缩短到以前的四分之一。挪威国家石油公司（Statoil）的一个钻油塔曾经出现问题，导致他们每天损失约 100 000 美元。一个名叫延斯·阿勒普（Jens Arup）的认证培训师引入了六顶思考帽的方法，问题在 12 分钟内就得以解决，每天 100 000 美元的花费也降到零。曾经有两个相似的法律案件：其中一个，陪审团花了三个多小时才做出裁决，在第二个案例中，一个陪审员引入了六顶思考帽方法之后，陪审团只用了15分钟就做出了裁决。曾经有人对300名高级公务员进行过一项简单的实验，引入六顶思考帽方法能把思考的效率提高493%。

这些案例都显示出六顶思考帽带来的巨大改变。通常，生产效率能有5%~10%的提高就能让我们很开心了。在这里我们能看到500%甚至更多的提高，其中必有原因。

它在世界各地的广泛应用

现在我可以说，六顶思考帽方法已在世界各地得到广泛应用。我最初设计这一概念时，并不知道它的传播会如此迅速。该方法简单易行、高效有力——这解释了为什么它的应用会如此广泛。

去年，我在同一天收到了两封邮件。其中一封来自德国西门子公司研究部门的负责人。西门子如今已经是欧洲最大的公司，拥有400 000名雇员，营业额超过600亿美元。他们现在有37名内部培训人员专门教授我提出的思考方法，每个部门都有一个基于我的方法建立的专门的“创新小组”。在信中，这位负责人讲述了他曾经在一次高级研究会议上成功地运用六顶思考帽方法的故事。第二封信来自西蒙·巴彻勒（Simon Batchelor），他曾赴柬埔寨参与过一个援助项目，帮助高棉村村民钻井打水。但到了那里，他发现很难让村民参与其中。他随身带着我的《教你的孩子如何思考》一书，就用那本书教授给高棉村村民六顶思考帽方法。村民们热情高涨，声称学会了思考方法要比学会钻井打水更有意义。

几天后我前往新西兰惠灵顿，新西兰一所顶级学校韦尔斯利学校（Wellesley School）的校长跟我说，他正在给 5 岁的孩子们教授该方法。[几个月后，布里斯班的柯雷菲尔女子学校（Clayfield College）的校长跟我说，他们甚至教给 4 岁的孩子这种方法。] 在新西兰逗留一周之后，我前往西雅图，在微软公司的营销人会上发表演讲，向与会者介绍了六顶思考帽方法的平行思考理论。如今，使用该方法的公司和机构包括美国国家航空航天局（NASA）、IBM、杜邦公司、日本电报电话公司（NTT）、壳牌公司、英国石油公司（BP）、挪威国家石油公司、意大利玛佐多集团（Marzotto）和联邦快递（Federal Express）等。这表明六顶思考帽方法有着广泛的适应性：它的教授对象既可以是高层管理人员，也可以是学龄前儿童，都能收到同样令人满意的效果。

六顶思考帽

思考是终极人力资源。然而对于这项人类最重要的技能，我们永远欲求不满。无论我们多么优秀，总是希望做得更好。通常，对自己的思考技能很满意的人大都是些不怎么动脑思考问题的人，他们误以为思考的目的就是证明自己是正确的——让自己满意。如果我们对思考的功能认识有限，难免会对自己在这方面的能力自以为是，反之则不然。

思考最大的问题在于混乱。我们总是试图一次解决太多的问题。情感、信息、逻辑、希望和创意全都在头脑中挤作一团，就好像用球变戏法，结果却因为球太多而手忙脚乱。

我在本书中提出的是一个非常简单的概念，帮助思考者一次只处理一件事。这样一来，这位思考者就能够区分情感和逻辑、创意和信息等等。这就是六顶思考帽的概念。每次只戴其中的一顶帽子就意味着采纳某一种特定的思考类型。在本书中，我将一一列举和说明每一种思考类型的性质和功能。

有了六顶思考帽方法，我们就能像指挥家指挥乐队一样指导自己的思考，从而实现自己的意愿。同样，在任何会议中，让与会者摆脱日常轨道，换一种方式思考眼前的问题，都能收到事半功倍的效果。

六项思考帽这个概念最大的价值，就是方便易用。

关于黑帽的特别说明

之所以要再次特别说明一下，是因为一些人对黑帽有误解，因而或多或少会把它看成一项糟糕的帽子。恰恰相反，黑帽是所有思考帽中最有价值的一项，因而其使用也最为广泛和频繁。使用黑帽就意味着小心谨慎。黑帽代表着困难、危险和潜在的问题。戴上黑帽，就可以避免自己、他人和整个团队遭遇危险。在发现和指出前方会有危险时，你头顶上戴着的，就是黑帽。

在大多数情况下，西方思维方式的要旨就是“黑帽”，强调批判性思维和谨慎态度。如此就能够防止出现错误、过激行为和荒谬言行。

关于本书新版

如今世界各地的人们使用六项思考帽方法已经积累了丰富的经验，我首次撰写本书的时候绝非如此。这样一来，人们引介这个方法就有了更多的信心。如今人们在使用这一方法时，已经不再是尝试陌生的新鲜事物，而是跟上时代的步伐，采纳一种高效有力的思考方法，毕竟它已经在各个年龄段、各个文化和能力不一、条件各异的人们中间使用了30多年。

人们有时候会对这些思考帽和颜色有些犹豫，因为它们似乎还不够严肃或不够成熟（有些人就喜欢把事情搞得很复杂）。实际上，简单从来就不是一个问题。人们意识到他们需要这些帽子和颜色，这样就可以简单地应对问题，像在头脑中有几个挂钩一样。帽子和颜色可要比那些复杂的心理学术语好记多了。

最新修订版是基于我自己使用和教授六顶思考帽方法的经验完成的。这些年，这一方法高效易用早已成为不争的事实。该方法要比我想象的更加有效。这是辩论体系的替代方案，后者的宗旨可从来就不是建设性和创造性。有了六顶思考帽方法，我们关注的焦点就从“是什么”变成了“能够怎样”，以及如何设计前行之路——而不是一定要辨出谁是谁非。

01
引言

在广袤的非洲草原上，一只正在吃草的羚羊听到草丛中有响动。它头脑中有关危险的全部神经元簇立即被激活，只要狮子从草丛中探出头，羚羊便能立即认出它来，如此才能及时逃走。这样的敏感是大脑如何工作及其为何如此高效的关键所在。

同时在不同的方向上保持敏感是不可能的，就像我们不可能设计一条同时最适合长打与轻击的高尔夫球杆。这正是“六顶思考帽”方法如此不可或缺的原因。这种方法让大脑得以在不同的时间、在不同的方向上获得并保持最大的敏感度。要同时在不同的方向上保持最大的敏感度简直是不可能的。

辩论与平行思考

西方思维的基本逻辑是 2 300 年前由希腊的“三巨擘”基于辩论而设计的。

苏格拉底高度重视辩证法和辩论。在他 80%（由柏拉图记录下来）的谈话中根本没有什么建设性的结论。苏格拉底认为自己的作用只是指出“谬误”。他希望通过指出错误的用法，来阐明如何正确地使用公正和爱等概念。柏拉图认为，“终极”真理隐藏于表象之下。他的著名类比是：一个被锁在洞穴之中的人只能看到洞内的后壁。洞口有一堆火。有人入洞后，他的影子被投射到洞穴的后壁上，那就是被锁在洞中之人所能看到的一切。柏拉图用这个类比指出，我们终其一生，所能看到的只是真理的“影子”而已。

亚里士多德归类了容斥逻辑。我们总是根据过去的经验整理归纳出一个个“框架”，包括定义、类别或原理等等。遭遇某些情形时，我们会判断它属于哪个框架。有些情形可以归入，有些则不能。不可能出现似是而非的情形——一定是非此即彼。

因此，西方思维关注“是什么”，其结论是经过分析、判断和辩论而得出的。

这个体系精巧而实用。但世上还有另一种全然不同的思考方式，它关注“能够怎样”，关乎建设性思考、创造性思考和“设计前行之路”。

1998 年，我受邀在致力于联邦未来的澳大利亚制宪会议上做开幕演讲。我讲了下面这个故事。

从前，有个人把自己的车涂成了一半白色、一半黑色。朋友问他为何行此怪异之事。他答道：“这多好玩啊，我一出车祸，就可以在法庭上听那些目击证人自相矛盾地做证了。”

会议结束时，主席安东尼·梅森爵士（Sir Anthony Mason）跟我说，他打算借用这个故事，因为辩论双方都没有错，只是观察事物的角度不同，这种情况经常发生。

世界上的很多文化，甚或绝大多数文化，都认为辩论是挑衅找茬、针锋相对而缺乏建设性。这正是为什么如此众多的文化都愿意采纳“六顶思考帽”方法中的平行思考理论。

日新月异的世界

基于辩论的思考体系自是卓越，就像一辆车的左前轮表现出色一样。这完全无可厚非，但远远不够。

一名医生接诊了一个出疹子的孩子。医生立即想到了那些可能的“框架”：是晒伤？食物过敏？还是麻疹？医生随后检查了他的体征和症状，做出了判断。如果医生判断当前状况可以套入“麻疹”这个框架，麻疹的治疗方案就写在那个“框架”的边上，医生也就知道具体该做些什么。这是传统思考方法最理想的状态。

我们根据以往的经验建立了各种标准情境，并据此判断新出现的情境该归入哪一个“标准情境框架”中。一旦做出判断，行动步骤就不言而喻了。

这样的体系在稳定的世界相当奏效。在稳定的世界里，以往的标准情境同样适用于现在。但在一个日新月异的世界，标准情境可能就不再适用了。

我们需要设计前行之路，而不只是判断未来该走哪条路。我们需要思考“能够怎样”，而不仅仅关注“是什么”。

但西方思维（或任何其他思维方式）的基本传统尚未给出建设性思考的简单模型。这恰恰是“六顶思考帽”方法（平行思考）所关心的内容。

何为平行思考？

有一幢宽敞美丽的乡间别墅。房前站着一个人，房后也站着一个人，还有两个人分别站在房子的两侧。这四个人看到的同一所房子都不一样。四个人（通过对讲机）展开辩论，人人都觉得自己看到的才是这幢房子的真实外观。

应用平行思考法，他们就会一起绕过房子看到正面，再一起走到房子的一侧，接下来是房子的后面，最后来到另一侧。这样一来，在每一个时刻，每个人都从相同的视角进行了平行观察。

这几乎与辩论完全相反，在那种对抗性的冲突思考中，参与的每一方都预先采纳了完全相反的立场。由于每一个人最终都会看到这栋建筑的四面，也就对主体进行了充分的探索。平行思考意味着在任何时刻，每个人都会从相同的方向观察事物。

但平行思考的优点还不止这些。在传统思考中，如果两个人意见不一致，就会发生辩论，每个人都会力图证明另一方是错误的。而在平行思考中，无论双方意见如何对立，最终都会趋于平行。如果以后必须要在不同的立场之间做出选择，不妨在那个时间点尝试做出抉择。如果无法决定，那么就必须在设计时考虑这两种可能。

无论何时，重点都在于设计一条前行之路。

方向与思考帽

平行思考的本质在于，每一个人在任何时刻都看向同一个方向——但方向可以变化。或许有人会让探索者看向北方或东方，那些都是标准的方向标签。这样一来，我们就需要一些思考的方向标签。思考者们会应邀看向哪些不同的方向呢？

如此便引入了思考帽这个概念。

在很多文化中，思考和“思考帽”之间早就有了紧密的关联。帽子作为象征的价值就在于，它标定了一种角色，人们常常会戴上某种帽子（持某个立场）。另一个优势是帽子可以轻松摘戴，周围的每一个人也都看得到你头上的那顶帽子。基于这些原因，我选择了帽子作为思考方向的象征。

本书中有时也会提到实体的帽子，但这里讨论的帽子往往是假想的。不过会议室墙上贴的帽子海报多半都是用来提示方向的。与思考的六个方向相对应的是六种颜色的帽子：白色、红色、黑色、黄色、绿色和蓝色。

方向而非描述

切记，思考帽只是方向，而不是对现已发生的事件所做的描述。问题并不是每个人都说出了自己的喜好，然后用帽子来描述他们说了什么，而是要开始沿着那个特定的方向思考。

“来点白帽思考吧”是指特别关注信息。从这一刻开始，每个人都要尽力考察现有信息、所需信息、要提出的问题、其他获得信息的方式，等等。

“希望你对此展开红帽思考”是特别要求对某一个具体事项注入情感、直觉和情绪。

“前面的黑帽思考不错，现在请转向黄帽思考……”这里，黑帽所描述的思考似乎是谨慎的，能指出某些潜在的困难，但这句话的主旨是请人们转向黄帽方向（考察优点、价值等）。

对描述和方向做出区分极其重要。描述关注的是已经发生的事件，方向关注的是未来将会发生什么。

“我想让你往东方看”和“你一直都在朝东方看”可不是一回事。

“我想让你炒几个鸡蛋”和“我看见你炒了几个鸡蛋”当然是两回事。

不是对人加以分类

有人可能会设计各种测试，来确定某人是A型或B型，或任何类似的描述性差别。心理学家一直以来都是这么做的。问题在于，一旦人们被归入这样或那样的“框架”，他们往往就待在那里不愿出来了。这是另一个例子，说明人们总是关注“是什么”而非“能够怎样”。

瘦人通常要比胖人跑得快（“是什么”），但如果胖人学会骑自行车，他就能比瘦人更早到达终点了（“能够怎样”）。

我们面临着极大的诱惑，太喜欢用帽子去进行描述和归类，诸如“她是个黑帽人”或“他是个绿帽人”，但我们必须抵制这样的诱惑。帽子不是用来给人归类，而是用来描述行为模式的。

的确，有些人可能时时处处小心谨慎，倾向于关注危险。的确，有些人或许总是冒出这样那样的点子，而另一些人更善于聚焦事实。人们可能会更偏爱某一种模式胜过其他模式，也可能会更擅长某一种模式。但无论如何，帽子不是用来给人分类的。

驾驶手动挡汽车时，你会使用所有的挡位，这时汽车发动机里的所有气缸都会点火。帽子就是思考的方向。每个人都必须能够且善于在各个方向上面面俱到。

鉴于以上种种原因，将帽子用作标签很危险，因为它会把思考帽体系的主旨破坏殆尽，那就是每个人都应该学会面面俱到。

思考帽的用法说明

每当人们告诉我，他们一直在使用六顶思考帽方法，我往往会问他们是怎么使用的，我发现有时他们的用法并不正确。在一次会议上，把一个人选作黑帽思考者，让另一个人进行白帽思考，以此类推。那些人在整场会议中都会保持同样的角色。这实际上与六顶思考帽的正确使用方法背道而驰。平行思考的主旨就是，每个人在每个方向上的经验和智慧都应被加以利用。因此正确的用法应该是在某一个指定的时间段，每一个在场的人都戴上黑帽，在另一个时间段都戴上白帽。那才是平行思考，才能够最大限度地充分利用每个人的智慧和经验。

炫耀

很多人跟我说，他们喜欢辩论，因为这是炫耀自己的聪明才智的好机会。他们总能在辩论中获胜并把对手反驳得体无完肤。这样做毫无建设性，不过炫耀也是人的基本需求之一。

因此，平行思考和六顶思考帽方法并没有把炫耀完全排除在外。只不过在这一体系中，炫耀的客体变成了此人在戴上黄帽、黑帽还有其他帽子之后，能够提出多少种考虑因素。这里，人们炫耀的是出色的思考方式，是通过思考，能够在会议上比他人贡献更多意见。区别在于，这种炫耀是建设性的。自我不再仅仅满足于证明自己正确。

参与游戏

人们为改变自己的性格做出过各种各样的尝试。一般认为，如果你对某人指出他属于某种性格类型，或拥有某种性格弱点，此人就会尝试弥补那种弱点。这些方法大多进展缓慢、收效甚微或根本无效。

一旦人们被归入某种特定的“框架”或类型，他们会尽力弥补缺陷。但弥补的努力总是让他们想到自己“是什么”，因此就会在那个类型中越陷越深。

自弗洛伊德以来，人们一直在强调分析：找到行为的深层真相和动机。孔子的方法几乎是弗洛伊德的反面。他不去管人们的性格，而选择直接关注行为。他敦促你用得体的行为与同事、下属、上司和家人相处。孔子对人的个性或心理素质完全不感兴趣。

六顶思考帽方法遵循的是孔子的体系而非心理分析体系。我们列出行为规则，你只需遵照规则行事。如果你这人争强好胜，没人会试图让你不那么争强好胜。但如果此刻大家在使用黄帽，你就必须在同一方向上发挥自己争强好胜的特点。

六顶思考帽方法直指具体的行为，而且要比试图改变个性的那些方法易于接受、有效和迅速得多。

六顶思考帽的“游戏”元素至关重要。在玩游戏时，大家都必须遵守游戏规则，否则就是不合作。如果大家已经从黑帽（谨慎）转向了黄帽（可能的优点），而有人仍然在列举会有什么危险，此人就会被看作拒绝参与游戏。让人们“参与游戏”是改变行为的一种非常高效的方式。

效果

多年来，使用六顶思考帽方法的效果已经日趋明朗。其效果是基于很多来源的反馈，总体而言，可归于以下四个大类。

强大有力

有了六顶思考帽方法，团队中所有成员的智慧、经验和知识都可以得到充分利用。每个人从同一个角度看问题，朝着同一个方向努力。

磁铁之所以非常有力，是因为所有粒子都朝着一个方向排列成行。争论或自由讨论可做不到这一点。在争论模式中（在法庭上也是如此），每一方都竭尽全力胜诉。如果有一方想到什么观点可能会有利于对方，就绝不会提出这一观点。毕竟大家的目的是获胜，而不是诚实地探知真相。

为了不致削弱己方论证的力量，人们会隐瞒某种信息或观点，这着实荒谬。把太阳的光线聚焦到一点，会让最坚固的金属熔化。同样，如果把许多人的思考能力聚焦到一个问题上，问题解决起来也会容易得多。

节省时间

（澳大利亚）无线通信商澳都斯（Optus）公司曾经专门腾出四个小时来进行重要讨论。使用了六顶思考帽方法之后，讨论会只需 45 分钟就结束了。

各方面都报告说自从使用了六顶思考帽方法，开会比以前高效多了。如今开会只需以前的一半时间，有的是以前的三分之一或四分之一。在有些特例中，像前文提到的ABB集团，如今的会议时间是以前的十五分之一。

在美国，管理者花费将近40%的时间参加各种会议。如果六顶思考帽方法能把会议时间减少75%，即意味着管理者们无须任何额外成本，就多出了30%的时间。

在通常的思考或辩论中，如果有人说了什么，其他人就必须做出回应——就算为了礼貌也必须这样做。但平行思考无须如此。

在平行思考中，在每个时间点，每个思考者看问题的角度是一样的，其想法被平行地罗列出来，你无须对上一个人所说的话做出回应，而只需添加另一个与之平行的想法即可。最终，大家会很快对当前主题进行充分考察。

通常，如果两人的观点不一致，就一定要辩出个是非对错。在平行思考中，两种观点会并排罗列出来。将来有必要二选一时才会做出抉择。因此，并不是每一步都有辩论。

摒弃自大

如果说快速和高效思考最大的障碍，或许就是自大了。人往往会利用思考来展示自我。思考被用作攻击和战胜他人的工具，被用于说服别人以达到自己的目的，被用于向他人展示自己有多聪明，被用于表达人与人之间的对抗和敌意。

有人不同意某个观点的理由，仅仅是为了让提出该观点的人感到难堪。如果提出该观点的是另一个人，可能就会一致通过了。总的来说，我们并没有充分意识到自大对高效思考构成了多大的阻力。

在陪审团的审议过程中，不管证据有多充分，往往总会有两个人拒绝与大家保持一致。法官们曾经跟我说，大多数人根本没有意识到这个问题有多严重。显然，这个问题破坏了陪审团体系的基本价值。那就是为什么如今好几个国家都有意使用六顶思考帽方法对陪审员进行培训。这样就可以排除个体自大的问题，加快审议过程。

冲突和对抗思考让自大问题更加恶化，六顶思考帽的思考方式则使它得以根除。有了六顶思考帽方法，你不妨向众人展示自己戴上任何一顶帽子都能出色地进行思考，以此来自我炫耀一番。

六顶思考帽方法可以促使大家中立客观地考察当前的议题，辩论则不然。

逐一思考

混乱是高效思考的最大敌人。我们总是试图同时处理多件事情，既要多方查找信息，又要受到情感干扰，又要寻求意见和解决方案，又得谨慎，还要寻找利益所在。需要处理的事情实在太多了。

同时玩转 6 个球实属难事，每次只抛出 1 个就容易多了。

有了六顶思考帽方法，我们每次试图只解决一个问题。这个时间段寻找危险（黑帽），下个时间段寻求新点子（绿帽），接下来某个时间段关注信息（白帽）。总之不会同时处理一切。

彩色打印的原理是每种颜色分别打印，每次只打印一种颜色，最终就能实现全彩色效果了。六顶思考帽方法也是一样，每次只关注一个方面，最终，问题的所有方面就都呈现在我们眼前了。

这一切背后的原理，是人们要把各种思考类型分开，这是绝对的生理需求。正如我在序言中提到的，人脑是通过两种不同的化学机制关注危险源和寻求裨益的。

飞机在降落之前往往会飞越一片停车场。如果你让自己注意其中黄色的车辆，那些黄色的车辆会立刻变得很突出、很抢眼。这就是大脑敏感的一个例子。

人无法同时在多个方向上保持敏感，因此当我们同时思考所有方面时，必然在每个方面的思考效果都不尽如人意。

> 本章中提出的所有观点或许看似浅显易懂，符合逻辑。事实上，它确实也没有什么神秘之处。使用六顶思考帽方法之后，其优势很快就会显露出来。人们不再在会议上为证明自我价值而争个你死我活，如今的会议变得富有建设性、成效显著，开会时间也大大缩短了。

人们选择辩论，并不是喜欢这种方式，他们只是不知道还有别的方式。六顶思考帽方法就是一个替代选择。

02

六顶帽子，六种颜色

每一顶思考帽都有一种独特的颜色，以颜色为其命名，分别是蓝帽、白帽、红帽、黄帽、黑帽和绿帽。

我本可以选几个特别的希腊名称，显示每一顶帽子要求我们进行哪一种类型的思考，那样会更醒目和难忘，也会更讨某些人的喜欢。但那些名字会很难记，因此也就没有什么实用价值了。

我希望思考者能够形象化地将我的思考帽想象成实际的帽子，为此目的，颜色十分重要。否则你又如何能区分这六顶帽子呢？不同的形状也很难记住，还可能会混淆，颜色更容易在我们的头脑中留下鲜明的印象。

每顶帽子的颜色还与其功能有关。

蓝帽　蓝色清爽，它也是高于一切的天空的颜色。蓝帽与控制和整理思考过程、有条理地使用其他思考帽有关。

白帽　白色是中立客观的颜色。白帽与客观事实和数据有关。

红帽　红色可能表示生气（火冒三丈）、愤怒和情感。红帽提供的是感性的看法。

黄帽　黄色是阳光积极的。黄帽代表着乐观，包括希望和积极的思考。

黑帽　黑色是阴郁而严肃的。黑帽代表着谨慎小心，指向一个想法的弱点。

绿帽　绿色会让人想到草地、植物和葱郁繁茂的生长。绿帽代表创造力和新点子。

如果你记得每一顶思考帽的颜色及其联想的内容，就一定能记住每一顶帽子的功能。此外也不妨把它们组成三对帽子：

白帽和红帽

黑帽和黄帽

绿帽和蓝帽

在实际操作中我们提到的始终是这些帽子的颜色，而绝非功能，这么做的理由很充分。如果你请人对某事做出情绪化的反应，多半不大可能会得到诚实的反馈，因为人们通常认为情绪化是错误的。但“红帽”一词是中立的。比起让人“别那么小心谨慎”，请对方“暂时摘下黑帽”可能会更容易一些。颜色的中立性使我们在使用思考帽时不会陷入尴尬。这样一来，思考就成了有着明确规则的游戏，而与劝诫和谴责无关。提到帽子，可以但说无妨：

……希望你能摘下黑帽。

……接下来的几分钟，我们都戴上红帽吧。

……黄帽思考做得不错，接下来我们戴上白帽。

如果你遇到的人没有读过本书，不清楚六顶思考帽的象征意义，只需解释一下每一种颜色所代表的含义，他们很快就能了解每一顶帽子的意味了。接下来不妨让他们读一读本书。这些用语的传播越广泛，使用效率也就越高。如此一来，当你坐下进行讨论时，你都能在这六顶“帽子”之间自由无碍地切换了。

03
使用思考帽

使用思考帽的基本方法有两种，一是在需要某种类型的思考时单独使用，二是在探索主题或解决问题时，在一个序列中相继使用不同类型的思考帽。

单独使用

单独使用时，六顶思考帽被用作象征符号，要求进行某种特定类型的思考。在谈话或讨论到了一定的地步时，我们会需要开启某种全新的备选方案：

……我觉得这里我们需要一点绿帽思考。

在同一个会议的后半段，可建议另一个行动方案：

……或许我们在这个问题上应该启用黑帽思考。

思考帽是我们特意创造出来的概念，这是它们的最大优势。没有思考帽，我们会让人们思考的要求既无说服力，也容易显得像人身攻击：

……这里我们需要一点创意。

……不要这么消极。

罗恩·巴巴路（Ron Barbaro）在担任保诚保险公司（Prudential Insurance）董事长时，我亲眼见到他跟高层管理人员互动的场景。他会提出一个想法，身边的人会指出代理人多半不喜欢这么做，这么做太冒险，这么做大概不合法，等等。他会仔细倾听身边人的意见，然后说："不错，这些都是很好的黑帽思考。现在我们尝试一下黄帽思考吧。"

在日本，在任何时候对老板的话提出批评都是不礼貌的。思考帽就是一个没有褒贬的中立信号，使得下属可以进行一些谨慎的评判。

……近藤先生，我希望在这里进行一点黑帽思考。

红帽是挖掘个人情感、情绪和直觉的绝佳时机。人们通常不会直接表达自己的情感，作为管理者，也很难要求人们表达。但红帽的形式感和中立性却方便了管理者要求个人就某一事项表达自己的情感。

黄帽则是鼓励人们寻找和发现价值的好机会。某个点子乍看之下可能没有什么优点，倒有很多不足之处，因而很容易立即被否定。但如果应用一些黄帽思考，最终可能会证明它有不少长处。

……这个想法看来根本没什么前途，不过我们不妨对它来点黄帽思考。

比起危险，优点通常更难以发现，戴上黄帽会让我们看得更深远一些。看上去没什么前途的点子事实上可能蕴藏着不可忽视的价值，只是此前没有被发现罢了。

白帽是让人们将纯粹的信息与判断分开的有效方式。白帽的形式感可让人们直接专注信息。

言必称思考帽自是不必。完全可以随意地将它们用作形式化的手段，要求人们进行某种类型的思考。一旦人们熟悉了如何使用思考帽，他们自会清楚该如何作答。这样一来，你就不必提出“考虑一下吧”这么一个笼统而模糊的要求，而可以准确地请人们采用某种特定的思考方式了。

按序列使用

还可以按照某种特定的顺序，让人们相继使用这些思考帽。

你可以随意根据需要使用任何一顶思考帽。

没必要每顶帽子都用到。

即使是在一个序列中，可以使用两顶、三顶、四顶或者更多的帽子。

按序列使用的类型大致有两种：自然发展和预先设定。

如果按照自然发展的序列，你（或者会议协调人）可以先随机选择第一顶帽子。利用这顶思考帽所做的思考结束后，再选择下一顶帽子，依此类推。除非你已经积累了丰富的经验，能够完全自如地使用六顶思考帽方法，否则我不推荐使用这种方法，原因有二。第一，团队成员会花很多时间争论下面该用哪一顶思考帽，以致大大减少了思考当前主题本身的时间。第二，不管最终选择的使用顺序如何，都有可能被看作在操纵会议，试图达到自己期望的结果。对于使用六顶思考帽方法的经验还不够丰富的人来说，最好还是坚持预先设定好顺序的方法。

在会议开始时先戴上蓝色思考帽，预先设定好顺序，遵行便是。可以根据实际情况进行一些微调。

纪律

纪律非常重要。团队成员必须佩戴当前指定的思考帽。团队的任何成员都不能说："现在我想戴上我的黑帽。"那无异于退回到了通常的辩论模式。只有团队领导、主席或协调人才能提出更换思考帽。思考帽不能被用于描述个人想说的话。思考帽指示的是思考的方向，必须严格遵守这一纪律。使用该方法一段时间之后，纪律会成为习惯，坚持佩戴当前指定的思考帽就会容易多了。

定时

为每一顶思考帽设置多长时间合适呢？我喜欢设置的时间短一些。那有助于迫使与会者集中于眼前的工作，减少无谓的闲聊。我通常给每个与会者一分钟的时间，这样算来，如果有四个人开会，为每一顶思考帽设置的时间就是四分钟。如果在那以后仍有人提出天才的好主意，再将时间延长也无妨。因此，如果有人提出了黑帽的"关注"点，没有必要说："不好意思，黑帽时间结束了。"只要有人提出真知灼见，延长多长时间都可以。

比起设置很长时间，让人们坐在那里无所事事、不知如何是好，设置很短的时间，必要时加以延长要高效得多。

就定时而言，红帽不同于其他几顶思考帽。让每个在座的人表达红帽情感只需设置很短的时间即可，因为这里不应当加入解释或限制条件。表达情感应该越简短明确越好。通常短短一分钟就足够在场的每一个人表达情感了。

应用指南

顺序无所谓正确与否。只要合乎情理，以任何顺序来佩戴思考帽都说得通。有些顺序适合探索、有些适合解决问题、有些适合解决纠纷、有些适合做出决策，等等。正像木匠都必须习惯了工具的手感和用途，我们也必须习惯于设置思考帽的顺序和使用这些顺序。

蓝帽始终应该用在会议的开始和结束——像两个书挡。

第一顶蓝帽应该表明：

为什么要开会，

当前考虑的是什么问题，

当前形势（或问题）的定义，

其他的定义，

希望取得什么成果，

希望最终实现什么目标，

思考的背景以及拟议使用思考帽的序列。

最后一顶蓝帽则指出：

已经取得了什么成果，

结果，

结论，

设计，

解决方案以及后续行动。

在第一顶蓝帽之后应如何继续，这取决于思考的性质。

第一顶蓝帽之后可以立即使用红帽。如果确信在当前形势下，人们对于即将讨论的主题已经有了强烈的情感，这么做就是合理的。红帽可以一开始就让人们将那些情感明确地表达出来。

南非第一次大选之前，我被邀请去为解决当地问题的和平协议委员会（Peace Accord Committees）的负责人讲授六顶思考帽方法。他们往往会在会议开始就使用红帽，给人们提供机会表达自己的情感和情绪。

但在某些情形下不能用红帽开始会议。例如，如果老板表达了自己的情感，那么在座的每个人都觉得有必要附和老板。如果人们对当前的议题尚未形成什么情感，一开始便使用红帽的做法也不合适。没道理要求人们过早地动用情感。

在以评估为目的的情形下，明智的做法是在使用黑帽之前先使用黄帽。如果黄帽思考的结果是这个点子没什么价值，就没有必要继续进行下去了。另一方面，如果黄帽思考证明这个创意很有价值，则可以继续使用黑帽，找到诸多障碍和困难，这样一来，因为大家已经看到了它的价值和优点，也就有了克服困难的动力。但如果一开始就让大家看到那么多困难，动员起来恐怕就没那么容易了。

有时在最终使用蓝帽之后，不妨重新戴上红帽。最后这顶红帽可以对“思考的表现”提出反馈：

> 大家对我们的思考感觉如何？
>
> 对结果是否满意？
>
> 我们是不是做得还不错？

这些只是一些指导方针。在由认证培训师教授的正式培训课程中，会提供更完整的应用指南，还配有针对不同情形应当采取的具体顺序，课上的学员有机会选择和实践那些顺序。

大致说来，只要“思考策略”合理有效，采取任何顺序都合乎情理。

团队和个人

六顶思考帽方法最突出的优点可见于小组讨论和集体谈话。在这类情形中，该方法提供了一个比争论或自由讨论有效得多的框架。

个人自行思考时也可以使用思考帽。一个有着先后顺序的框架能够减少混乱，确保方方面面都被考虑在内。

思考帽还可用于报告和其他交流中，其优点同样是能够覆盖问题的各个方面。在报告中，该框架还可以使报告人罗列出所有需要“谨慎对待”的方面而不致冒犯他人。

团队中的个人

即使在小组会议上使用六顶思考帽方法时，会议主持人或协调人仍然可以请与会者进行单独思考。这样一来，人们有可能提出更多点子。在集体讨论中，我们总是忙着听别人讲话，很少有时间进行思考。

……现在我们转换到黄帽思考。在开始讨论之前，请诸位花两分钟时间单独思考一下。

对绿帽、黄帽和黑帽而言，这种个人思考方式尤其有用。

即使在使用某一种思考帽进行思考的过程中，主持人也可以请在座的个人花点时间单独思考一下。

……现在我想请诸位做一些单独的绿帽思考。我对当前已经提出的这些替代方案还不够满意。

即使在大多数集体会议中个人随时都可以（在戴上某一顶相关的思考帽时）自由表达他们的意见，仍然可以专门询问某些人单独思考的结果。

……史密斯先生，我们还没有听取你的意见。你对这个问题的黑帽思考是什么？

……亨丽埃塔，我想请你做些黄帽思考。

引入某一顶思考帽之后，也可以逐一询问小组中每个人在那顶思考帽下思考得出的结论。如果有足够的时间进行单独思考，这种做法尤其有用。

SIX THINKING HATS

蓝色思考帽

想想头顶的天空，想想“概要”，蓝色思考帽是考察思考本身的思考帽。

蓝帽就像是乐队的指挥，乐队指挥要确保每一个音符都在适当的时间奏出，如此才能让乐队得到最好的发挥。蓝帽就像马戏团的导演，负责对思考进行管理。蓝帽是思考的组织者，负责过程控制。

在思考会议一开始就使用蓝帽，可以对当前形势加以界定。蓝帽可能会寻找某个问题的其他定义。它列出思考的目的，以及思考力求达成的目标。

正是因为我们在一开始就戴上了蓝色思考帽，才能列出使用其他思考帽的议程和顺序。蓝帽或许还能详细说明其他思考过程——即使不会用到那些思考帽。蓝帽列出了思考“策略”。在会议中，蓝帽负责维持纪律，确保人们还戴着当前相关的思考帽。蓝帽还负责宣布更换思考帽。

头戴蓝帽的人通常是会议的协调人、主持人或领导人，这是一个常任角色。此外，在具体的蓝帽会议期间，任何人都可以提出有关程序的建议。

会议结束时，蓝帽会询问会议结果，其形式可能是总结、结论、决定、解决方案等。蓝帽甚至还会认识到，会议并没有取得多大进展。在最终这顶蓝色思考帽下，人们会列出接下来的步骤，可能是行动步骤，也可能是关于某些议题的深入思考等。

04

蓝帽思考：掌控思考

- 考察思考。
- 思考的指导方针。
- 思考的组织。
- 掌控其他思考帽。

头戴蓝色思考帽时，考察的对象不再是思考的主题，而是探索该主题的思考本身。蓝色象征着总体控制，因为天空可以包容一切。蓝色还会让我们想到超脱、冷静和把控。

计算机按照程序运行，后者告诉它们每一刻应该做些什么。蓝色思考帽就是人类思考的程序帽。

我们可以在头戴蓝色思考帽时列出思考计划，包括以确切顺序发生的事件细节。还可以用蓝帽发布即时指令。不同的芭蕾舞步需要一个编舞者来合理安排先后顺序，当思考的舞步需要编排时，就是蓝帽的用武之地。

这一正式构架的思考，其观念与将思考看成是没有整体架构的自由讨论全然不同。

……我的蓝帽思考明确表明，现在应该寻找备选方案了。

……我们没有多少时间审议这个问题，因此必须有效利用时间。有没有人能提出一个蓝帽思考架构？

……到现在为止我们没有取得什么成果。如果戴上蓝帽，我会建议来点红帽思考消除误会。关于这个减少加班时间的提议，大家感觉如何？

思考的进行方式往往是漫无目的和章法的，兵来将挡，水来土掩。人们对目的有下意识的看法，但绝不会将其作为整体目标或次目标明确表示出来。他们习惯于把建议、判断、批评、信息和纯粹的情感混成一锅粥，他们似乎一直维持着这种混乱状态，直到某个思考者结结巴巴地说出某个已经有人尝试过的方案，会议的目标就此实现。这是对经验的随意探索，在很大程度上是由负面的批评引导的。其基础假设是，有着一定智商的人只要具有足够的背景知识，就能够在讨论过程中列出备选的行动方案，并选出最合适的。

还有一种假设是，思考是由过去的经验和当前的限制条件塑造而成的，以致结果可以“自然演变”而成，并由批评加以净化。演化是一个直接的比喻，因为根据达尔文的演化论，适者生存，而在思考中，最合适的创意才会被采纳。我们把环境的巨大压力替换成了负面消极情绪的巨大压力。

在这类思考中，一般都是那些已经参与其中的人提出建议，人们从那些建议中选出最终的解决方案。这些建议可能是通过个人思考得出的，也可能是由“专家”提供的。

我在本书中主要讨论的是绘制地图式的思考，即全体人员都是第一次探查和记录地形。然后才会找出可能的路线，并最终选定路线。

作为情境的参与者，人们往往会声称他们一直都在思考当前的问题，并非只是在参加正式讨论时才开始想。的确，这类讨论的目的与其说是思考，不如说是交换在开会前已经提前进行的思考得出的结果。这就很像是西方思维中典型辩论中的争论模式了。

如果我感觉到在不同的观点被设计出来之前，人们已经进行了大量制图式思考，我会很开心。但这种情况很少发生。思考者总是迅速找到一种基于经验和偏见的观点，继而力图通过辩论对该观点进行润色。这是典型的在学校里学写议论文的传统方法。学校鼓励孩子们在议论文的第一行写出结论，然后用整个文章来支持那个结论。思考的作用是支持而不是探索。在政界和法庭也是一样。双方在一开始就已经各自确定了自己的立场。

争论中的一来一回提供了思考所需的动能，这就是为什么很多人觉得集思广益要比独立思考更容易。独立思考对蓝帽架构的需求要大得多。

如果要采取制图式思考，就需要有架构。攻击和防御无法再提供架构。正如探索者需要某种过程计划，思考者也需要某种组织架构。

蓝帽架构可以像电脑程序那样，为整个时间段内发生的所有事情进行规划，但更常见的是，蓝帽思考掌控讨论类思考的方式就像马车夫驾驭着马匹一样，时时刻刻为其指导方向。

……现在是白帽思考时间。

……这里需要一点建议，也就是黄帽思考。请提出具体的建议。

……现在请各位暂停黑帽思考，因为我对现已提出的点子不太满意。来点绿帽思考吧。

我们往往需要在正在进行的传统讨论中插入这个临时的思考帽。

……我想在这个问题上听听每个人的红帽思考的结果。希望诸位还记得，戴上了红色思考帽，就可以坦率地表达自己的情绪和情感，不需要以任何方式为其正名。

……你大概不知道自己一直都在使用黑帽思考，也就是说一直都在做消极判断。你已经说了这个计划为何不能奏效。现在我想让你暂时切换到黄帽思考，也就是做一些积极评估。

……我不想知道你的意见或者建议，我想进行几分钟纯粹的白帽思考。只要事实和数据，无须解读。

……我想我们需要暂停一下，做一些蓝帽思考。请各位暂时忘掉讨论的话题，我们应当如何组织思考？

应该说，蓝帽思考的功能不仅限于组织使用其他思考帽。蓝帽思考还可以用于组织思考的其他方面，例如对优先事项进行评估和列出限制条件等。

05

蓝帽思考：专注

提出正确的问题。

定义问题。

列出思考任务。

专注方面是蓝帽思考的关键作用之一。优秀与糟糕的思考者之间的区别，往往在于能否专注。思考应该做些什么？仅仅了解思考的大致目的可不够。

……我们希望专注于制定一系列可能的方案，来应对竞争对手的降价策略。

……让我们集中精力想想各位想趁这次假期做些什么吧。

……伞和广告。我希望各位就普通的伞如何可以用作广告提出一点有创造性的点子。

……该怎么做，才能让满意的客人鼓励朋友也来我们的酒店居住？这是我们特别关注的焦点。

……宽泛的关注点是找到利用快餐店的新的细分市场。具体要关注的则是，如何在非高峰时段让老人光临我们的快餐店。

焦点既可以很宽泛，也可以很具体。宽泛的焦点可能会包含好几个具体的关注点。关于焦点，一个很重要的问题是，它应该以一种确定的方式明确讲出。蓝帽思考可以专门用于生成焦点的定义，还应该用于监控任何偏离该焦点的行为。就思考本身展开思考可不是在浪费时间。

……我此刻戴上蓝帽想说的是，我们已经远远偏离了起初确定的思考内容。我们提出了很多有趣的点子，但它们与初始焦点毫无关系。现在需要回到轨道上。还有谁有什么蓝帽评价吗？

……请诸位戴上蓝帽，说说你们认为当前的思考进行得如何。有没有一点进展？

提问是最简单的专注思考的方式。人们常说，提出正确的问题或许是思考中最重要的一部分。遗憾的是，人们在事后——也就是在答案一目了然之后，提出正确的问题要容易得多。但尽管如此，仔细考察问题的架构和焦点，仍然是蓝帽思考的一个重要方面。

问题分为两类。第一类是钓鱼式问题，也就是探索式（就像在鱼钩上挂上鱼饵，但不大清楚最终结果如何）的。第二类是射击式问题，也就是用于检查瞄准点，其答案要么是“是”，要么是“否”（就像瞄准一只鸟，要么射中，要么射偏）。

……现在与其说是做什么的问题，还不如说是个时机问题。时机很重要，在当前时机，应该考虑哪些因素？

……问题是客户能否感受到这些税收优惠，还是它们只是给销售人员增加了一个好用的保险卖点。

麻烦事实上只是一个特殊的问题：我们该如何实现这一目标？问题的定义非常重要，否则其解决方案可能无法切中要害，或是毫无必要地冗余累赘。这是真正的问题所在吗？为什么我们希望解决这个问题？根本问题又是什么？

……天气寒冷并非真正的问题，人们对寒冷天气的看法才是问题所在，那才是我们应该力求改变的。

……问题不是这里不下雪，而是我们没有滑雪场，所以要用大巴把人们带到有雪的地方。

比起声称找到了问题的最佳定义，更实用的做法是列出一整套备选的定义，这恰是蓝帽思考的一部分。

蓝帽思考者的另一个功能，是确定具体的思考任务，如果是一个人单独进行思考，这一功能更加重要。

……列出本次会议的目标。我们会认为取得什么样的结果是成功的？

……先列出双方取得一致的领域。

……思考任务是想出，我们该如何当机立断，就这个问题做出决定。

……列出与学校教育有关的四个“易受观念影响的领域”。

……关于当前的广告宣传，来点黑帽思考吧。

思考任务可能很琐碎，也可能很宏大，可能需要某一具体的成就，也可能只需输入某一领域的信息即可。

……我就是希望各位就电视购物这一行业给出一点探索性意见。

……如何才能了解他们的策略是否取得了成功？

……为什么我们很难在这两个备选方案之间做出决策？

当无法完成某项思考任务时，则需要把失败记录下来。

……我们还是没能就甜食摄入量增加的情况给出一个合理的解释。我们稍后还会回来考察这个问题，看看能否得出一些经得住考验的猜想。

……我们尚未想出任何办法来增加羊肉的消费量。或许最好还是把它分解为几个小问题。

蓝帽思考者始终固守目标，他会说："就这样，就朝着这个方向射击。"

06

蓝帽思考：程序设计

按部就班。

思考的软件。

编舞。

计算机都有它们的软件，告诉它们在每一种情形下应该做什么么。没有软件，计算机便无法运行。蓝帽思考的功能之一，就是为某一具体主题的思考设计软件。可能会有一些固定的架构适用于任何情形，但我在本节中讨论的，是为每一种情形单独设计的定制软件。

……先进行蓝帽思考，设计我们希望照章行事的程序。

……这非同寻常。那么我们该从哪儿入手？应该考虑些什么？

在上一节的最后部分我提到，在大多数时候，六顶思考帽方法都包括了在一般讨论／争论型思考中的偶尔插入。人们偶尔会需要由某一顶思考帽所代表的那一具体类型的思考。这里，我想考察一下是否有可能设计一种正式的程序，为所采取的步骤设置先后顺序。

世界上有那种舞蹈家为表达一个全局性的主题而即兴自由发挥的舞蹈，也有正式的芭蕾舞，其中的每一个动作、每一个舞步都经过了编舞者的严格编排。这里要讨论的，就是蓝帽思考与编舞者类似的方面，不过我不希望读者觉得这是六顶思考帽一以贯之的使用方法。

我还想明确一点——事实上在前文已经说明了——是蓝帽程序所包括的思考要素远比六顶思考帽更多。

……应该先分析一下在设计这一儿童服装产品线时，应该考虑的所有要素。

……应该先列出这次争论中大家取得一致、存在分歧以及与本主题无关的领域。

程序视具体情形而异：用来解决问题的程序必然不同于用来设计船只的程序，谈判程序也不可能与决策程序一样。即使在决策领域内部，用于做出不同决定的程序也天差地别。蓝帽思考为具体形势定制所需的程序，正如木匠在打造一把椅子或橱柜之前所进行的规划工作一样。

如果当前讨论的是各位思考者有着强烈情感的主题，那么在程序中规定先戴上红色思考帽就颇有意义了。这样做可以把情感摆在桌面上，让它们大白于天下。没有这一红帽思考，每个人都有可能会通过其他方式来间接表达自己的情绪，例如过度的黑帽思考。一旦情绪被明确表达出来，思考者也就更容易摆脱情绪的影响，甚至会有更大的压力让自己更加客观。

下一步或许是白帽思考，以便把所有相关的信息都展示出来。通常有必要时不时地回头来点儿白帽思考——作为一种子程序——以便对不同的要点进行核查。

接下来应使用黄帽思考，列出现有的提议和建议。蓝帽思考和黄帽思考之间可能会有互动，因为蓝帽思考是提出问题并突出问题领域的。也可以用白帽思考列出，就当前问题而言，目前最先进的方法是什么。

……过去我们遇到这类情形时，是这么做的。

……大家都知道传统做法了。不过我还是想再重复一遍。

蓝帽思考可能会界定需要新概念的重点领域。其后，绿帽思考可以试图生成一些新概念。或者可以增加一段正式的绿帽思考时间，让每个思考者有一段单独的创意暂停时间。

……我想看看有没有更简单的方法，根据每个人的现金流来调整保费支付。

……应该有一种更好的售书方式，我想就此进行一些绿帽思考。

在这个节点上，一点蓝帽思考能够对现有的提议加以组织整理，以便列出正式清单。之后可以把那些提议分成不同的类别：需要个别评估的归为一类，需要进一步扩展的归为一类，只需要注意的归为另一类。

现在就可以把白帽思考、黄帽思考和绿帽思考混合起来进行，以便发展和推进每一个提议了。这是一个建设性思考的阶段。

此时可以利用纯粹的黄帽思考对每个被认为可以认真考

虑的备选方案进行积极评估。

可以用黑帽思考做一些筛选。黑帽思考的目的，是指出哪些备选方案不可能实现或通常不予采纳。黑帽思考还可以质疑可用的备选方案的价值。

现在可以使用黄帽和绿帽思考来抵消黑帽思考的目标：纠正错误、清除缺点、解决问题。

还可以有更深层的黑帽审查来指出风险、危险和不足。

接下来或许又是蓝帽思考时间，对现已实现的成果进行汇总，同时整理出“路线选择”的策略。

继而进行红帽思考，以便思考者就现有的选择表达自己的情感。

之后的选择程序可以由黄帽和黑帽思考混合起来进行——寻找最能满足当前需求的备选方案。

最后的蓝帽思考时间列出思考执行方案的策略。

所有这些看起来似乎是个很复杂的程序，但事实上每个阶段与下一个阶段都是自然衔接的——就像开车换挡一样。

如果需要固定的程序，就必须让每一个参与思考的人明确看到该程序。如果思考者知道紧接着就要进入黑帽思考时间了，他（或她）就不认为在某个节点上一定要插入黑帽评论，因为不这样的话，就很可能会忘掉这个要点。

切记，大多数思考事实上是黑帽和白帽的混合思考——背景中还混杂着一些没有明确表达的红帽情感。

……在这类情形中我们就需要这么做。

……这就是你的建议无法奏效的原因。

蓝帽程序可以由思考会议的领导者提前确定，也可以由所有出席会议的人通过会上的蓝帽思考来集体设计。

07

蓝帽思考：归纳与总结

- 观察和综述。
- 评价。
- 小结、结论、收获和报告。

蓝帽思考者考察的是正在进行的思考。他是设计舞步的编舞者，但也是观察舞台形势的批评者。蓝帽思考者并未开车上路，而是在观察开车的司机，同时也在记录司机选择的路线。

蓝帽思考者可以就其所观察到的情况做出评价。

……我们花了太多时间争论这个问题，不妨把它作为一个冲突点记录下来。

……我们似乎太担心这项业务的成本，但还没有确定它是否能带来任何利润，后者当然应该优先考虑。

……戴维，你一直在推销同样的观念。我们的确注意到它极有可能奏效，留待以后再来考察。我想应该尝试一些更进一步的备选方案，我指的是探索而不是争论。

偶尔，蓝帽思考者会就此前一直进行的态势和已经实现的成果进行综述。他（或她）是翻动图表的人，会着手列出已经生成的备选方案。

……我们来总结一下到目前为止都取得了哪些成果。

……我来回顾一下前面讨论的要点。如果有人对总结有异议，可随时提出来。

把一个看似漫无边际的讨论整理定形，正是蓝帽思考者的任务。

虽说我提到蓝帽思考者时用的都是单数人称，但这些蓝帽思考任务总有可能由讨论小组集体完成。的确，蓝帽思考者可以请任何其他人戴上蓝帽，完成相应的任务。

……我建议在这里暂停一下。我建议在座的全体人员都戴上蓝帽，花几分钟时间总结一下，大家觉得到目前为止取得了什么成果。

……挨个来吧。请诸位戴上蓝帽，告诉我当前的讨论进行到哪里了。

正如蓝帽思考者的任务是在会议进行过程中不定时地总结目前已经实现了哪些成果，总结得出最后的结论也同样是蓝帽思考的功能。

……我戴上蓝帽，似乎能够得出如下结论。

……大家是否都同意我们达成了上述结论？

蓝帽思考的任务是做出最后的总结并撰写报告。不是说这是某个人的任务（尽管有可能如此），而是每一个思考者在转换到蓝帽角色时，都应对已经进行的思考加以准确客观的评价。

蓝帽思考的功能之一就是“摄影师”：观察和记录正在发生和已经发生的思考过程。

08

蓝帽思考：控制与监控

主持人。

纪律和焦点。

谁说了算？

一般来说，任何会议的主持人都具有天然的蓝帽思考功能。他（或她）负责维持秩序，确保会议按既定议程进行。

也可以把特定的蓝帽角色指派给某一个人而不是主持人。该蓝帽思考者将执行监督任务，确保与会者始终在主持人确定的框架内进行思考。主持人本人很可能不大擅长监督思考过程。

我还想强调一下，会上的任何人都可以执行蓝帽任务。

……如果试图戴上蓝色思考帽，我想说布朗先生的评价在现在这个节点并不合适。

……我要戴上蓝色思考帽，因为我想说我觉得我们正在偏离中心议题。

……我的蓝帽思考告诉我，应该把这个问题定义为一个关键问题，继而试图解决这个问题——这是迟早要做的。

蓝帽思考确保在座各位始终遵守游戏规则。维持这一纪律可能是主持人的责任，也可能由某一位指定的蓝帽思考者来完成，但每个人也都可以对此畅所欲言。

……这是红帽思考，我们想知道你的情感，而不是你为什么会产生这样的情感。

……很抱歉，那显然属于黑帽思考，不是现在这个时间点该做的事。

……那不是用绿帽思考考察创意该有的方式，你应该使用行动而不是横加批判。

……那真的是白帽信息吗？听上去更像红帽情感。

……蓝帽的任务是总结业已发生的思考，而不是赞成某一个备选方案。

在实践中，不同的思考帽之间有大量重叠之处，没必要墨守成规。黄帽思考和绿帽思考之间可能会有大量重叠之处，同时因为人们总是把事实和意见混在一起，白帽思考和红帽思考之间也会有大量重叠之处。

每说一句话就换一顶思考帽也不切实际。

重要的是，如果已经确定了某一种思考模式，思考者就应该有意识地努力以那种方式进行思考。如果规定进行黄帽思考，大家就必须戴上黄色思考帽。

如果没有具体要求戴上哪一顶思考帽，就没必要觉得每一句话都必须套到某一顶思考帽下。如果有人没有正式提出他此刻头戴蓝色思考帽，但他插话评价了当前的程序，也是完全合规的。

另一方面，不定时地正式指出当前正在使用哪一顶思考帽也至关重要。仅仅猜想哪一句话后面要戴哪一类思考帽是不够的，重要的恰恰是努力遵循某一思考模式的纪律本身。否则，我们就回到了闲聊和争论模式。

蓝帽控制的主要任务之一是结束争论。

……我觉得火鸡肉销量增加的原因是人们的健康意识越来越强了。

……我觉得那不过是因为火鸡肉价格更便宜而已。

这时，蓝帽思考者或许能问一句，有没有任何白帽信息有助于解决这一争论。

……既然无法就此得出结论，应该记下来诸位关于这一趋势提出来的两种解释。现在不需要决定谁对谁错。

如此一来，就把这两个观点都标注在了思考地图上。在这个具体的例子中，两个观点都有可能是正确的。在其他情形中，也可能会出现两个彼此完全不相容的观点。但尽管如此，仍然可以把两个观点都记录下来，把更加深入的讨论留到以后进行。

……现在可以回到之前尚未确定的那一点。这会被看成是掠夺性定价吗？现在我们来直接关注那个问题。

……琼斯先生认为，锁定假期价格会大大提升销量。亚当斯女士认为不会，而且那样的价格会非常昂贵。现在不妨花点时间考察一下这个问题。白帽思考会做出什么贡献？过去有没有过这样一个约定，其成本如何？

对待相反观点的一种有效方式，是假设双方各自在特定情形下都是正确的。

……在什么情况下琼斯先生是正确的？在什么情况下亚当斯女士的观点是可取的？

这样一来，双方都被认为是正确的。下一步就是看这两种情形中，哪一种更接近当前的实际情况。

在利用最佳方案法评估创意时，也可以使用同样的做法。这一创意的最佳方案是什么？

……这个产品适合在市场上处于领先地位的大公司，另一个产品则更适合力图占领一定市场份额的小公司。好了，我们属于哪一类？

有时，蓝帽思考者必须很坦率。

……我们似乎陷入争论中无法继续下去了，可以把两方的观点记下来，以后再回来讨论。

……我们现在使用的是制图模式而不是整理模式。如果你有不同的观点，记下来便是。不要试图证明自己的观点是正确的，而别人都是错误的。

……你们各有各的道理。再说下去就陷入争论了，那不是现在要做的。

……请各位停止争论。

……我希望双方都对别人的态度来一点黄帽思考，那会有助于停止争论。

蓝帽的形式感可以使任何思考者更加直接，这是其他方式根本无法做到的。

09

蓝色思考帽小结

蓝帽是控制之帽。蓝帽思考者负责整理思考本身，蓝帽思考考察的也是探索主题所需的思考本身。

蓝帽思考者就像是乐队指挥，他授意大家使用其他思考帽。

蓝帽思考者负责定义思考所指向的主题、确定焦点、定义麻烦所在，以及为问题塑形。蓝帽思考负责确定需要执行的思考任务。

蓝帽思考负责小结、综述和总结。这些既可以在思考过程中不定期地进行，也可以在思考结束时进行。

蓝帽思考负责监督思考，确保人们遵守游戏规则。蓝帽思考负责终止争论，坚持思考的制图模式。蓝帽思考是执行纪律的思考。

蓝帽思考可在会议中偶尔插话，要求与会者戴上某一顶思考帽，也可以用于确定思考过程的严格程序，就像舞蹈动作严格按照编舞者的事先编排那样进行。

即使当特定的蓝帽思考任务被指定给某一个人时，在座的其他人仍然可以随时插入蓝帽评价或建议。

SIX THINKING HATS

白色思考帽

想象有一张白纸，可在其上面进行电脑打印。白帽与信息有关。使用白帽时，每个人直接且仅仅关注信息。

现有哪些信息？

还需要什么信息？

漏掉了哪些信息？

需要提问的问题有哪些？

应该如何获得所需要的信息？

信息包括确切的事实和数据，可以被检验，也包括意见和情感之类的模糊信息。表达自己的情感属于红帽思考，但报告他人所表达的某种情感就是白帽思考。

如果两个人提供的信息有出入，没有必要在这一节点展开争论。可以将两套信息并行排列。待将来必须从中二选一时，再做选择也不迟。

白帽通常在思考会议开始之前使用，从而为即将进行的思考提供背景。白帽还可以在会议快要结束时用作评估：大家的提议是否与当前的信息相符？

白帽是中立的，它提供关于现实世界的信息。白帽的目的不是生成创意，不过报告正在使用或已被提出的创意则是可以的。

白帽的一个至关重要的组成部分是定义当前漏掉的和所需的信息。白帽定义了需要提出的问题，还列出了获得所需信息的手段（例如调查和问卷）。

白帽思考的目的是集中精力寻找并列举出信息。

10

白帽思考：事实和数据

你可以暂时扮演一台电脑吗？

以中立客观的方式给出事实即可。

不要诠释：请只讲事实。

关于这一事项的事实有哪些？

迄今为止，电脑还没有情感（不过如果想要让电脑进行智能化思考，大概会需要它们拥有情感）。我们期待电脑能在需要时提供事实和数据，可不希望电脑跟我们争论，还把事实和数据用作支持它自己的论点。

人们往往会在争论中嵌入事实和数据，这时，事实不会被真实呈现，而是用于某种目的。当我们把事实和数据作为辩论的一部分列举出来时，绝不可能客观地对待它们。

所以我们亟须"请只讲事实——不要辩论"的转变。

遗憾的是，西方思维方式习惯于辩论，因而偏爱先给出结论，继而列举出事实来证明该结论。相反，在我倡导的制图式思考中，必须先绘制地图，然后再选择路线。那就意味着必须先列举出全部的事实和数据。

因此，白帽思考就提供了一种很方便的方式，请人们以中立客观的方式摆出事实和数据。

美国国际商业机器公司（IBM）一度面临一起巨额垄断诉讼。该诉讼最终被撤回——大概是因为人们意识到美国需要IBM的力量，才能与高度组织化的日本电子行业展开竞争。也有人提出，之所以撤回诉讼还有另外一个原因。IBM提供了堆积如山的文件（我想大概有700万份），根本没有哪个法庭能够应付这么庞大的阅读量。如果法官在案件审理过程中去世，案件还得重新开始审理。鉴于法官在接受任命时年纪都偏大，以确保他们有足够的经验和智慧，法官在此案的审理过程中去世就是一个大概率事件。这样一来，除非任命一位非常年轻的法官，令其把这个案件作为一生的事业，否则这起诉讼就变成了一件不可审理的案件。

这个故事的重点在于，人们可能会以极大的信息量来应对事实和数据要求，连提出要求的人都被这样的信息量吓坏了。

……如果你想要事实和数据，我可以（此处删掉了不雅语气词）给你，全都给你。

这样的反应是可以理解的，因为任何简化事实的企图都可能被看作为了支持某一特定观点而对事实进行选择。

为避免陷入信息的巨浪中，提议进行白帽思考的人可以将要求的范围缩小，只需要提出所需的信息。

……说说你对失业问题所做的笼统的白帽思考吧。

……请给我一些数据，说明离校者在离开学校六个月之后的情况。

提出适当聚焦的问题是询问信息的一般过程的一部分，熟谙交叉询问之道的律师们都能做到这一点。理想的情况是证人戴上白色思考帽，如实回答问题。法官和庭上的律师们很可能会觉得白帽用语是最方便的方式。

……如我所述，他是在早上6点30分回到公寓的，因为他整晚都在赌博。

……琼斯先生，你真的看见被告在6月30日晚间进行赌博了吗，还是他告诉你他一直在赌博？

……没有，法官阁下。但他几乎每晚都去赌博。

……琼斯先生，如果你现在戴着白色思考帽，你会怎么说？

……我看到被告在7月1日早上6点30分回到公寓。

……谢谢。你可以离席了。

必须说，法庭上的律师总是在试图证明某个论点。因此，他们在设计问题时就是为了支持自己的论点或者击溃对方的论点。这当然与白帽思考背道而驰。法官的角色就变得很有意思了。

荷兰的法律体系中没有陪审团。三位法官或顾问为了找出案件的真相，试图使用纯粹的白帽思考。他们的任务是绘制出“地图”并继而做出判断。英美法系似乎不是这样，那里的法官维持证据规则，或直接或通过陪审团间接对律师提取的证据做出反应。

因此任何设计问题以便提取信息的人都需要确保其本人正在使用白色思考帽。你是真的在寻找事实，还是在为自己脑子里形成的观点积累证据？

……由于对节食的兴趣和对健康的关注，去年美国的火鸡肉销量上升了25%。火鸡肉被认为是“更清淡”的肉类。

……菲茨勒先生，我跟您说过要戴上白色思考帽。事实是销量增加了25%，其他的都是您的解读。

……不，先生。市场调查清楚地显示了人们给出的购买火鸡肉的原因是他们认为其胆固醇含量较低。

……哦，那么你在这里就陈述了两个事实。事实一：去年的火鸡肉销量上升了25%。事实二：某些市场调查显示，人们声称之所以购买火鸡肉，是因为他们担心其他肉类胆固醇含量较高的问题。

白色思考帽指向处理信息方面。我们完全可以非常出色地完成白帽思考，这就意味着要以获得纯粹的信息为宗旨。显然，白色思考帽的角色需要一些技巧——或许要比其他思考帽所需的技巧更多。

……女性抽烟的人数有上升趋势。

……那不是事实。

……是事实。我这里有数据支持该观点。

……你的数据显示的是在过去三年中的每一年，女性吸烟的人数都上升到高于前一年的水平。

……那难道还不是上升趋势吗？

……可能是，但这属于解读。在我看来，趋势是正在发生和仍将继续发生的事。数据是事实。女性抽烟更多的原因可能是她们本来就抽得更多了——或许是由于她们更加焦虑。也可能是在过去三年香烟制造商们花费了巨资说服女性抽烟。第一个趋势可能会意味着机遇，第二个就很难说是机遇了。

……我只是用趋势一词表示数字有所上升。

……趋势一词在这里或许用对了，但这个词还有其他用法，暗示某一种持续的过程。因此，最好还是使用纯粹的白色思考帽，只陈述事实：“过去三年的数字显示女性吸烟的人数增加了。”然后再来讨论这意味着什么，以及其原因是什么。

在这个意义上，白帽思考就成了一种纪律，鼓励思考者在自己的头脑中泾渭分明地对事实和自己的推断或解读加以区分。我们或许可以想象，政客们一定很难进行白帽思考。

11

白帽思考：这是谁的事实？

这是事实还是可能性？

这是事实还是看法？

到底有没有事实？

很多被认为是事实的东西，其实不过是人们认定的评价，或者根本就是当时当地的个人观点。生活始终在继续，我们不可能以科学实验一般的严谨态度去核查每一件事，因此在实际生活中，需要建立一种两层结构体系：认为的事实与核实的事实。

当然可以在白帽思考中提出自己认为的事实，但我们必须十分清楚，它们只是二级事实。

……我觉得关于俄罗斯商船带动了很大一部分世界贸易这个陈述没有错。

……我曾读过资料，说日本高管之所以有如此巨大的支出账目，是因为他们把全部薪水都交给妻子了。

……我觉得我说新型的波音757飞机要比前一代飞机更安静是有道理的。

恼火的读者也许会指出这些短语都是“万金油”，人们可以利用这些短语说出任何话而丝毫不用负责。

……有人曾跟我说过，他从一个朋友那里听说，丘吉尔私下里很崇拜希特勒。

如此一来，必定会产生很多断言、八卦和道听途说的消息。的确是这样，然而我们必须有一种方式来提出自己认为的事实。

要点是我们要这些事实做什么用。在就事实做出判断并据此决策之前，的确需要核查。但我们需要评估哪些认为的事实是有用的，并继续努力证明其真实性。例如，如果认定波音757飞机很安静对于机场选址至关重要，那么当然需要将该事实从“认为”状态转变为“核实”状态。

白帽思考的关键规则是，不应平白无故地将一件事情提高一个层次。只要陈述被恰当地看作一种看法，提出它就是被允许的。切记，我们采用的是一个两层结构体系。

再重复一遍，我们无疑需要看法层面，因为尝试、猜想和启发性的评论都是思考最基本的组成部分。它们提出的框架先于事实。

接下来就是更难的部分了。“看法”何时成为“观点”？我可以“认为”波音757飞机更安静。我也可以“认为”女人抽烟更多是因为她们现在承受的压力更大（观点）。

这里要赶快补充一句，在白色思考帽模式下，你不能提出自己的意见。那会破坏白帽思考的基本宗旨。当然，你可以报告他人的真实意见。

……施密特教授认为人力飞机根本不可能实现。

要非常小心地注意一点，事实的认为层面仅指那些你认为是事实，但尚未被彻底核实的信息。你或许更喜欢这样来定义两层结构体系：

1. 已经核查的事实，以及

2. 未经核查的事实（看法）。

说到底，态度决定一切。头戴白色思考帽时，思考者提出的是中立的“成分”类陈述，它们只是被提出以供审议。绝对不能利用这些陈述推进某种特定的观点。一旦陈述看似被用来支持某种观点，它就不再可信了：也就滥用了白色思考帽的角色。

白帽规则会适时变成第二属性。思考者不再试图悄无声息地提出陈述来赢得辩论。人们开始培养那种科学观察或探索式的中立客观态度，谨慎记录不同动植物的情况，绝口不提如何进一步利用它们。制图者的任务就是绘制地图。

白帽思考只是将“标本”罗列出来——像一个刚刚放学的小男孩，从口袋里掏出一些硬币、几块口香糖和一只青蛙。

12

白帽思考：日式输入

讨论、争论和达成共识

如果没人提出观点，那些观点从哪儿来？

先制图。

日本人从未养成西式的辩论习惯。究其原因，可能是在一个封建社会，提出异议太无礼也太冒险了；可能是因为互相尊重和给彼此留面子非常重要，没有辩论抨击的空间；可能是因为日本文化不像西方文化这样自大：辩论往往都是自大的表现。最有可能的解释是，日本文化没有受到那些希腊式思维用语的影响，后者被中世纪的僧侣们以证明异教徒的谬误为目的进行了美化和发展。我们觉得日本人不辩论很奇怪，他们倒觉得西方人如此喜欢辩论才是古怪。

在一场西式会议上，与会人员带着各自的观点前来开会，甚至在很多情况下他们事先就已经有了结论，希望大家都同意自己的结论。这样一来，会议就变成了不同观点之间的辩论，看看哪一种观点能经得起批判，哪一种能吸引数目最多的拥护者。

人们当然会对最初的观点进行一些修正和改善。但这往往是一个“大理石雕塑”的问题，也就是说，先有大理石块，然后精雕细琢成最终的成品。

西式共识会议就没有那么剑拔弩张，因为这些会议不会最终决出个是非胜负。这类会议的结果是每个人参与达成的，因而每个人都接受这个结果。这更像是“陶土雕塑”：在核心的周围添加陶土，塑造成最终的成品。

日本的会议不是共识会议。

西方人很难理解日本人坐在会议桌前开会时，脑子里根本没有现成的观点。会议的目的是倾听，既然如此，为什么他们的会议不是没有任何成果的一片死寂呢？因为每个与会者会轮流戴上白色思考帽，提出自己知道的中立信息。一般来说，地图会变得更完整、更丰富也更详细。地图绘制完毕后，每个人都能看到应该采取哪条路线。我可没说只需一次会议就能完成这一过程，它可能会持续数周或数月，需要开很多次会议。

问题是没有人在会上提出现成的观点。大家都以白色思考帽的形式提出信息。这些信息会逐渐自我组织成为观点，在座诸位只需静待这一过程完成。

西方观念是，只有经过辩论才能形成观点。

日本人的观念是，观点会像树苗一样生长出来，继而养育它，让它生长成型。

上文以多少有些理想化的方式对西式争论和日式信息输入进行了对比。我的目的只是对比，而不是像个哈日者一样，认为日本的一切都是好的，都应该拿来模仿。

我们无法改变文化，因此需要启动某种机制，让自己克服辩论的习惯。这恰恰是白色思考帽的作用。会上每个人都戴上白色思考帽时，它的作用可能意味着："此刻我们都假装自己是日本人，开一次日本式的会议吧。"

正是为了以实用的方式做出这一转换，才需要像白色思考帽这样一个人造的工具和用语。规劝和解释没有多少实用价值。

（我可不想深入解释为什么创造发明是日本人的弱项。发明可能需要某种自大的文化，喜好辩论的个人偏执地坚持己见，即便周围的人都觉得他就是个偏执狂。我们可以用平行思考中的刻意激发这一更为实用的方式来达到同样的目的，我将在本书其他章节以及绿色思考帽那部分对此展开讨论。）

13

白帽思考：事实、真理和哲学家

事实在多大程度上是真理？

哲学的语言游戏有何用处？

绝对真相和“大体上”。

真理和事实并非像人们想象的那样密切相关。真理与一种名为哲学的文字游戏体系有关，事实则涉及可以核查的经验。不怎么关心此事的实用主义者可以跳过本章，直接阅读下一章。

如果我们碰巧看到的每一只天鹅都是白色的，能否大胆直言“天鹅都是白色的”？可以，而且我们一贯就是这么做的。

在某一段时间内，这一陈述是对自己所拥有经验的真实总结。在这个意义上，它也是一个事实。

从看到第一只黑天鹅起，这个陈述就不再正确了，它会突然从真理转变为谬误。然而如果我们只看事实，看见白天鹅和黑天鹅的经验比例仍然是 100∶1。因此作为亲身经历的事实可以是：“大多数天鹅都是白色的”；“大体上天鹅都是白色的”；“白天鹅的比例略高于 99%”。

“大体上”这种说法非常实用（大体上小孩子都喜欢吃冰激凌；大体上女人都用化妆品），但对逻辑学家来说则根本没用。在“所有的天鹅都是白色的”这句话中，“所有的”一词至关重要。这是因为逻辑必须从一个绝对真理转向另一个。“如果这是真的……那么接下来……”

当我们碰巧见到第一只黑天鹅，“所有的天鹅都是白色的”这句话就变成了谬误。除非选择给黑天鹅起一个别的什么名字，那就变成字词和定义的问题了。如果选择将白色作为天鹅之定义的一个必不可少的组成部分，则黑天鹅必然不是天鹅。如果放弃将白色作为该定义的重要组成部分，就可以把黑天鹅也包括进来，对天鹅的定义就以其他特征为基础。这类定义的设计和运用就是哲学的本质。

白帽思考事关可用信息。因此“大体上”和“整体来说”

等用语是完全可以接受的。统计数据的目的恰恰是给这些相当含混的用语增加一些明确性。我们并非总能收集到统计数据，因此往往不得不使用两层结构体系（认为的事实与核实的事实）。

……大体上那些根据所推断的未来销售额数字来确定支出的公司都会遭遇麻烦。（也可能有几家公司这么做了，但运营得很成功。）

……如果产品价格下降，销量往往会上升。（由于投机、担心通货膨胀和害怕被落下等原因，当房屋价格上涨时，销量反而会上升。）

……只要努力，你必将成为人生赢家。（很多非常努力的人并没有获得多大的成功。）

概率的范围可以有如下这些表达方式：

始终如此

往往如此

一般如此

大体上

通常

大约有一半概率

往往

有时如此

偶尔如此

曾经发生过

绝非如此

不可能如此（矛盾）

在这一概率范围内，白色思考帽所允许的空间有多大呢？和前文一样，对这个问题的回答取决于我们对信息的设定。例如，有时候知道某事曾经极其偶然地发生过也很有用。

……麻疹往往是无害的，但有时候也会引发次级感染，例如耳部感染。

……在极其偶然的情况下，预防接种会引发脑炎。

……据我们所知，这个品种的狗一旦受到刺激会咬孩子。

显然，了解这类信息也颇有价值。还有一种两难困境。在上述第二个例子中，人们感觉预防接种会引发脑炎的危险要比实际统计数字证实的危险高出数千倍：因而就有必要提供实际的数字，以避免不小心的误传。

白帽思考能接受趣闻吗？

……有个人没带降落伞从飞机上摔了下来，居然没死。

……据说福特公司是根据市场调查的结果设计出艾德赛尔（Edsel）汽车的，该车型却功亏一篑。

这些可能的确是对事实的陈述，果真如此，白帽思考者应该也将其一一提出。它们必须被设置成“趣闻”或“事例”。

……基于市场调查的设计也常有失手的时候。例如，艾德赛尔汽车据称就是根据市场调查设计的。那是个彻底的失败案例。

以上陈述不是合乎定义的白帽思考——除非还有更多证据能够支持基于市场调查的设计必将失手这一论断。猫可以从房顶上摔下来而幸免一死，但那算不得正常的行为。

例外之所以突出，就是因为它们是例外情况。我们之所以注意到黑天鹅，就是因为它们通常只是天鹅中的极少数。之所以注意到那个没带降落伞从飞机上摔下来还活着的人，也是因为这多少属于非同寻常的情况。人们提到艾德赛尔汽车，也都是出于同样的原因。

白帽思考的目的是从实际出发，因此必须能够提出各种类型的信息。关键是要对其进行合理的设定。

……所有专家都预测说利率在今年年底会下降。

……我跟四位专家谈过了，每个人都预测说利率在今年年底会下降。

……我跟弗林特先生、齐格勒先生、卡里亚托女士和苏亚雷斯先生谈过了，他们四人都预测说利率在今年年底会下降。

这是三个不同层次的精准表达，就算是第三个层次也还是不够好。我想知道的是，你是什么时候跟这些专家谈话的。

关于白帽思考，没有什么绝对的是非对错，那只是努力做得更好的方向而已。

14

白帽思考：谁戴上了这顶帽子？

戴上你自己的思考帽。
请他人戴上思考帽。
请每个人戴上白色思考帽。
选择以白色思考帽的方式回答问题。

以上四种表述能够覆盖大多数具体情形，也就是说，你可以要求、被要求或做出自己的选择。

……销售活动的哪个环节出了问题？

……要回答这个问题，我得戴上白色思考帽。我们接触过34%的零售商，其中只有60%带走了产品。在那些带走产品进行销售的人中，有40%只拿了两件，说要试销一下。与我们谈过的人中，70%说价格太高了。市场上有两种竞争产品的价格都比这个低。

……现在来点儿红帽思考吧。

……我们的产品不过关，定价过高。我们在市场上的形象不佳。竞争对手的广告做得更好，他们还有更多的后续广告计划。我们无法吸引到最好的销售人员。

在这个例子中，红帽思考的“感觉”部分或许更加重要。但这些“感觉”无法放在白帽思考项下，除非是在报告顾客可能会说的话。

……先戴上白色思考帽，说说关于少年犯罪，我们都知道些什么。数据如何？报告在哪里？谁能给出证据？

……你说过你准备订购Prime电脑。能说说关于这个问题，你的白帽思考都有哪些结果吗？

……我不想让你猜测，如果我们把横跨大西洋的船票减到250美元，情况会如何。我想知道你的白帽思考结果。

显然，白帽思考排除了诸如预感、直觉以及基于经验、感觉、印象和成见所做的判断这类有价值的东西。当然，那正是白色思考帽的宗旨：这里只要获得信息。

……关于为什么换工作这个问题，你让我谈谈白帽思考的结果。薪水没有更高，津贴也持平，离家远近没变，事业前景差不多，工作类型一样。戴上白色思考帽，我能说的就这么多了。

15

白色思考帽小结

想象有一台按要求提供事实数据的电脑。电脑是客观中立的，不会提供解读或成见。戴上白色思考帽的思考者就应该模仿电脑的行为。

信息需求者应该提出焦点问题，才能获得信息或填补信息空白。

实际上，信息是一种两层结构体系。第一层包括已经核实或证实的事实——一级事实。第二层包括据信为真但尚未充分核实的事实——二级事实。

概率范围从“始终如此”到“绝非如此”不等，其间是一些有用的层次，诸如“大体上”、“有时”和“偶尔”。这类信息都可以成为白帽思考的输出项，条件是必须使用适当的

“设定框架”来表明其概率。

白帽思考是一种纪律，提供思考的方向。思考者力图更加中立客观地呈现信息。你可能会被要求戴上白色思考帽，也可以请别人戴上白色思考帽。你还可以选择戴上或摘下白色思考帽。

白色（无色）本身就象征着中立。

SIX THINKING HATS

红色思考帽

想一想炉火的温暖、情感的炽烈。戴上红色思考帽，你就有机会表达自己的情感、情绪和直觉，而没有必要解释或证明其合理性。

一般的商业讨论不允许掺杂个人情绪，但讨论无论如何都会掺杂情绪，只不过它们被粉饰为逻辑而已。红帽思考提供了独一无二的特别机会，让人们直言不讳地表达自己的情感、情绪和直觉。

直觉可能是以大量经验为基础的。

……我觉得这人很适合这项工作。

……我觉得这么做太冒险了。

……我的直觉告诉我，这种解释太复杂了。

那些情感都是有用的。然而，直觉不一定总是对的。即使如爱因斯坦那般伟大的人，他否定海森堡[①]提出的不确定性原理的直觉也是错的。

---

① 维尔纳·海森堡（Werner Heisenberg，1901 — 1976），德国物理学家，量子力学的创始人之一，“哥本哈根学派”代表性人物。1932 年，海森堡因“创立量子力学以及由此导致的氢的同素异形体的发现”而荣获诺贝尔物理学奖。他对物理学的主要贡献是给出了量子力学的矩阵形式（矩阵力学），提出了“测不准原理”（又称“海森堡不确定性原理”）和S矩阵理论等。他的《量子论的物理学基础》是量子力学领域的一部经典著作。——译者注

戴上红色思考帽，我们可以表达一系列情感：热情的、“钟爱”、“喜欢”、中立的、不确定的、怀疑的、情绪复杂的、不满的、“不喜欢”等等。所处的文化不同，表达情感的方式也不一样。在日本，人们表达情感的方式非常低调：“我得考虑一下。”在美国，人们会更强烈地表达情感：“这简直就是个馊主意。”

没必要解释自己的情感或证明其合理性。的确，会议主持人从不允许任何人这么做。如果人们认为需要证明自己的情感是正确的，他们就会只表达那些能够证明为正确的情感了。因此，红帽思考不允许做出任何解释。无论何时，与会者只需表达当时当地已经存在的情感。或许20分钟后情感就会发生变化。有时，在会议开始不久即戴上红色思考帽来评估情感，在会议结束之前再戴上另一顶红色思考帽，看看人们的情感有没有发生变化，是个不错的做法。

红帽思考永远只可用于某种确定的观点或情形，思考者不可改变该观点本身。

如果要求是“关于强制捐款，说说你的红帽思考吧”，思考者就不能说：“我赞同把捐款性质改成自愿。”

必须非常明确红色思考帽的具体适用范围，否则就会引发混乱。如有必要，主持人可以提出某个观点的不同版本（修正案），让人们就每一个版本进行红帽思考。

红帽思考也可以包括“理性情感”（intellectual feelings），这是绝对合理的：

……我觉得这个点子很有潜力。

……那个创意很有趣。

……这种想法很不一般。

红色思考帽永远只能是个人的思考行为。每一个参加会议的个人可以轮流戴上红色思考帽，表达对当前讨论的问题的情感。

个人在被要求表达红帽情感时，不能以“无可奉告”搪塞。可以使用诸如保持中立、尚未决定、还很困惑、表示怀疑或感情很复杂这类语句。

如果情感被定义为复杂的，那么协调人可以请他具体列出那些复杂情感。

红色思考帽的目的是表达现有的情感，而不会强迫任何人做出判断。

16

红帽思考：情绪与情感

- 中立客观的信息的对立面。
- 预感、直觉、印象。
- 无须证明。
- 无须提供理由或根据。

红帽思考只关乎情绪和情感，以及思考的非理性方面。红帽给了人们一种正式确定的渠道，以便公开表达这些情感——将其作为整张地图的一个合理组成部分。

如果在思考过程中不允许掺杂情绪和情感，它们就会潜入背景中，以一种隐秘的方式对思考产生影响。情绪、情感、预感和直觉都是强有力地真实存在的东西，红色思考帽承认这一点。

红帽思考几乎正好是白帽思考的对立面，后者是中立客观的，不掺杂任何情绪。

……别问我为什么，我就是不喜欢这么做。简直糟透了。

……我不喜欢他，不想跟他做生意。就是这样。

……我有种预感，教堂后面的这片土地几年后一定会价值不菲。

……那个设计真糟糕，它绝对不会受欢迎的，根本就是巨大的浪费。

……我对亨利有特别的好感，我知道他是个骗子，他也的确骗了我们。但他骗得高明，我喜欢他。

……我感觉这次交易根本不会成功，最终注定要花一大笔诉讼费。

……我觉得这是个没有胜算把握的案例，我们不管怎么做都要失败，还是别掺和了。

……我觉得在签署协议之前隐瞒这个信息是不对的。

任何希望表达这类情感的思考者都应该戴上红色思考帽。这顶帽子无疑给他们颁发了充分表达情感的正式许可证——不管是纯粹的情绪还是预感。

17

红帽思考：情绪在思考中的地位

情绪会破坏思考，或者它本身就是思考的一部分？

情绪会在什么时候出现？

情绪化的人能否成为好的思考者？

传统观点认为，情绪会破坏思考。好的思考者被认为应当是冷静、超脱的，不受情绪的影响，应当是客观的，只考虑事实本身而不考虑它们是否与自己的情感需求有关。偶尔甚至还会有人声称女人要比男人更加情绪化，因此不大可能成为出色的思考者。据说女人缺乏做出好的决策所需的超脱。

然而任何好的决策最终都必然是以情绪的方式表达出来

的，这里要强调一下最终这个词。利用思考绘制地图时，我们选择的路线都由我们的价值观和情绪来决定。我在后文中还会谈到这一点。

情绪让思考与每个人息息相关，让思考适应我们的需求和当前背景。它们是大脑运作不可或缺的组成部分，而不是某种侵入物质或动物在地球上生存留下的痕迹。

情绪可以从三个方面影响思考。

它们可能是强烈的背景情绪，例如恐惧、愤怒、憎恶、怀疑、嫉妒或热爱。这种背景会限制和影响所有的认知。红帽思考的目的就是让我们看到这一背景，以便观察到它的后续影响。整个思考可能都会被这样一种背景情绪所支配。背景情绪可能依附于某一个人或者某一种形式，也可能因为其他原因出现在当时当地。

在第二种情形下，情绪是由最初的感觉触发的。你觉得自己受到了某人的侮辱，从那以后你关于此人的一切思考都会受到这一感觉的影响。你觉得（可能是误会）某人出于利己的想法说了什么，从此那人再说什么你对他的信任度都会大打折扣。你觉得什么东西是广告，就会对它将信将疑。我们都是很快做出这类草率的判断，随即就把自己锁定在它们所释放的情绪中不能自拔。红帽思考让我们有机会在这类情感一出现时，就直接坦率地表达出来。

……如果我此刻戴上红色思考帽，我会说你的提议大概是为了扩大自己的私利，而不是为了公司的利益。

……我的红帽思考告诉我，你反对企业并购是为了保住自己的饭碗，而不是为股东权益着想。

第三个可能会引发情绪的时点，是在人们将当前形势的地图拼接起来之后。这张地图也应该把红帽思考所启发的情绪包括在内。这样一来，包括大量私利在内的情绪就会在选择地图上的路线时发挥作用。每个决定都有价值观作为基础，而人对价值观的反应总是非常情绪化。我们对自由这一价值观的反应就是情绪化的（特别是在自由被剥夺时）。

……现在我们已经能够清楚地看到当前形势的全貌了，大家不妨都戴上红色思考帽，看看每个人基于情感的行动选择是什么。

……在继续罢工和谈判这两个选择中，我倾向于第一个。我觉得还没到谈判的时候。事态发展到现在，双方两败俱伤，此刻谁也不会做出妥协。

就某一特定主题的思考而言，情感表达非常重要，对能够看到这一点的人来说，红帽用语给了他们一个将那些情绪合法化的有力手段，以便那些情绪能在最终的整体地图上占据一席之地。

但红帽思考能不能把那些情绪直接带到表面呢？

……我反对任命她，因为我嫉妒她，她升职太快了。

真的会有人如此坦白自己嫉妒别人吗？多半没有。但红帽用语提供了一种近似迂回的方式。

……如果戴上红色思考帽，我会说我之所以反对安妮升职，部分原因可能是出于嫉妒。

或者：

……我想如果躲在红色思考帽下面，我会说我反对安妮升职。我的感觉就是这样。

还应该记住，思考者私下在自己的头脑中也会选择戴上红色思考帽，这使思考者能够以一种合法的方式让情绪浮出水面。

……这里可能含有恐惧的成分。我害怕工作变动会带来麻烦。

……是的，我很生气。当时我就是想要报复，我平生最恨被人骗。

……我必须承认这份工作就是让我不开心。

红帽思考鼓励我们寻找情感的真相："这里掺杂的情绪到底是什么？"

18

红帽思考：直觉和预感

直觉具有多大的有效性？

直觉具有多大的价值？

直觉应当如何使用？

直觉一词有两种用法，两种都是正确的，但从大脑功能上来说，它们完全不同。直觉可以被用来表示一种突如其来的洞见，这就意味着对通常以一种视角看待的事物，突然换了另一种视角。这可能会引发创造性、科学发现或数学上的重大突破。

……把注意力从胜利者转向失败者，你会很快看到，在 131 场淘汰赛中取胜，需要进行 130 场比赛，产生 130 个失败者。

直觉一词的另一种用法是立即感知或理解了某种形势。这是基于经验进行复杂判断的结果——该判断或许无法详细列举，甚至无法用词语表达出来。我们会凭直觉意识到谁是自己的朋友，这个复杂判断是以很多因素为基础的。

……我预感这种电动车不会卖得很好。

这样一种直觉可能是基于对市场的认识、出售类似产品的经验或对这一价格区间的购买决策的理解。

我这里要谈的恰恰是这种“复杂”判断类的直觉。

直觉、预感和感觉是近亲。预感是基于直觉的假设，感觉可以是一种审美情感（几乎是品味的问题），也可以是一种确定的判断。

……我觉得事到临头他可能会打退堂鼓。

……我有一种强烈的感觉，这张公共汽车票和那辆自行车是侦破这起谋杀案的关键线索。

……我觉得这不是正确的理论，它太复杂、太混乱。

做出卓越贡献的科学家、成功的企业家和战场上的常胜将军似乎对某些特定的形势和情形都有这种“感觉”。就企业家而言，我们说此人能“嗅到钱的味道”。这就意味着盈利点并没有明显到每个人都能看到，而这位企业家培养了对金钱的特殊嗅觉，能够很快找到盈利点。

直觉当然不是绝对可靠的。众所周知，在赌博中，直觉往往会误导人。如果在轮盘赌中，红色连着出现了八次，直觉会强烈暗示参赌人下一个就是黑色了。但情况往往说不准。赌桌可没有记性。

如此说来，该如何对待直觉和感觉呢？

首先，有了红帽思考，直觉就被赋予了合理性。红帽让我们得以询问他人的感觉，并将其表达为思考的固有成分。或许情绪和直觉应该分属于两顶思考帽，但那样只会让问题更加复杂。我认为可以在“情感”项下将它们视作同类，即使二者的性质大不相同。

我们可以试图分析直觉性判断背后的逻辑，但分析不大可能做到完全准确。如果无法说明原因，是否还应该相信这样的判断呢？

我们很难基于直觉做出重大的投资决策。最好能将直觉作为绘制整个地图的一部分。

可以把直觉当成自己的顾问。如果该顾问过去一直都很可靠，可以对他提供的建议多加一些注意。如果直觉在许多场合都是正确的，我们会更倾向于相信它。

……每个理由都反对降价，但我的直觉告诉我，要想收复失去的市场份额，这是唯一的办法。

一个有经验的地产商会培养出自己对机会的敏感性。他所积累的经验都表现为一种直觉，告诉他哪些交易应该尽力争取，哪些应该置之不理。那种在地产界行使的直觉可能很有价值，因为它来自经验。但是如果把地产商的直觉应用于总统竞选的结果，可能就没那么有用了。

直觉还可以被看作为“有得有失”。直觉并不一定总是正确的，但如果它正确的概率较高，那么整体结果就有可能是正向的。

将直觉归因于某种绝无失误的神秘预言的做法是极其危险的，然而直觉确实是思考的一部分。它真实存在，也可以为思考做出贡献。

……请戴上红色思考帽说说你对这次并购的直觉？

……我的红帽感觉是该地产价格很快就要飙升。

……关于这次新的广告宣传方案，说说你戴上红色思考帽后的感觉，好吗？

……我的红色思考帽告诉我，这个出价不会被接受。

直觉和意见何时交汇？我们已经看到，白色思考帽不允许表达意见（尽管它可能允许报告他人已经表达的意见）。这是因为意见是基于判断、解读和直觉提出的。这样一来，我们或许需要在对已知事实的判断和基于未知因素的感觉之间找到平衡。头戴红色、黑色和黄色思考帽时，可以表达意见。在使用红帽时，最好把意见表达为感觉。

……我感觉多数青少年犯罪的原因之一是他们太无聊。

……我感觉提升电影票房需要几部高调宣传的大片。

19

红帽思考：时时刻刻

反应和不安，

这就是我对这次会议的感觉。

是表达还是隐瞒感觉。

在会议、讨论或谈话的任何时候，都可以直言不讳地表达红帽感觉。这些感觉也可以针对会议本身，而不是正在讨论的议题。

……我现在要戴上红色思考帽告诉你，我不喜欢这次会议进行的方式。

……我想戴上红色思考帽说一句话，我觉得我们在被强迫达成一项不想达成的协议。

……胡珀先生，我的红帽看法是你从不听别人说什么。

……我已经说了自己想说的话，现在我准备摘下红色思考帽了。

鉴于在任何会议上，人们都会自然表露自己的情绪，红帽的做法未免显得做作而多余。你真的必须“戴上”红色思考帽才能表达愤怒吗？为什么不能通过表情和说话的语气来表达那些情绪呢？

红色思考帽真正的价值恰恰是这种“做作”。通常，情绪需要一些时间来积累，还需要更长的时间才能平息，其中既包括强烈的愤怒，也包括闷闷不乐。人们在被冒犯的同时也会冒犯别人。从某种意义上说，红帽使人们能够在几分钟的时间里自由切换到情绪模式，再切换回来。我们戴上红帽，继而摘下红帽。就因为每个人都将其视作一种正式用语，戴上红帽之后表达的观点就显得不那么像个人攻击了。

“戴上”红帽的必要性降低了争吵的概率。每次人们觉得受到轻慢对待时，没人会觉得戴上红帽是一件麻烦事。一旦红帽用语变成了习惯，在没有这种形式感时，表达情绪化的观点就会显得很粗鲁。

由于情感和情绪有了红帽这个明确的表达渠道，人们也不需要每时每刻都要找机会发泄情绪了。如果任何人觉得有必要表达情绪，他都有一个确定的方式这么做。

既然有办法直接询问，我们也不再需要尽力揣摩别人是什么感觉了。

……我想让你戴上红帽，说说你对我的提议怎么看。

……我怀疑你不喜欢我，我需要一个红帽答案。

热恋中的人总是喜欢听伴侣说出那三个字，即使他们一点儿都不怀疑爱的存在。

……转换到红帽层面，我想说我对本次会议进行的方式非常满意。大家都这么看吗？

……我觉得我们都想要敲定并签署这项协议。莫里森先生，能从你的角度提供一些红帽观点吗？

红帽用语不应被夸张或过度使用到荒谬的地步。当然没有必要在每次表达情感时都形式化地使用这种用语，只有当我们以一种明确而正式的方式表达或询问情感时，才应使用这种用语。

……如果你再继续发表红帽宣言，我就要把你的红帽拿开，让你够不着它。

……能不能听听你的总体红帽陈述，一次就好，然后就告一段落。说说你对这个问题的感觉吧。

……我只想有一个机会做出红帽陈述。之后我就会摘下那顶思考帽，不再使用它了。

20

红帽思考：用对情绪

思考能否改变情绪？

情绪背景。

情绪的谈判地位。

情绪、价值观和选择。

既然能够通过红帽这种用语将情绪明确地表达出来，接下来不妨尝试探索甚至改变一下情绪。这本身已经不再属于红帽用语的一部分了。

思考可以改变情绪。改变情绪的并不是思考的逻辑部分，而是思考的认知部分。如果换一种角度看待事物，人的情绪就会随着认知改变而发生变化。

……不要把它看成一种失败，而要看成一种有效的方式，我们终于找到了他在网球上的弱点和强项。

……如果从直觉考虑，你会接受这一提议吗?

……把它看成一次重要的学习经历而不是判断失误。学习总是要付出代价的，我们不会再犯同样的错误了。

我们并不一定总能提供感知，改变情绪或者让情绪消失，但这毕竟值得一试。

已经表达出来的情绪始终可以作为思考或讨论的背景。人们始终都会意识到有这种情绪背景存在，最终的决策或计划都是在这种背景下做出的。时而想象不同的情绪背景，看看最终结果有什么不同，也会大有裨益。

……我们都知道，这些谈判是在极端怀疑的情绪背景下进行的。现在试着想象一下，如果双方信任彼此，我们的思考方式和结果又会如何。

……有人认为我们在这里做出的决定没有多大影响，因为无论如何，我们都要接受事态的发展。不妨想象一下，如果事实并非如此，而是我们完全可以控制事态，情况又会如何。

……我们必须意识到，大家都很愤怒，这是切实存在的情绪背景，不容忽视。

我在前文中已经指出，情绪和情感都会对最终的地图产生影响。通过红帽的惯用法，就能了解哪些“区域”受到了情绪化观点的强烈影响。这样在设计争议解决方案时，就可以避开那些区域了。

……有人提议要限制你为竞争对手公司工作，这显然是个敏感点。我们暂时避开这个不谈。

……工会领导人绝不会同意任何降低工资的提议，这一点已经表达得足够强烈了。

情绪往往被用于在谈判中确立地位。这不是指闷闷不乐、威胁、敲诈或装可怜等情绪，而是指被归因于某些问题的情绪价值。可变价值原则是谈判的基础。有些东西对双方的价值完全不同，这些价值可以通过红帽思考的方式直接表达出来。

……跨越工会界线的能力对我们提高生产效率非常重要。

……我们必须坚持遵守适当的纪律性程序。这不是说琼斯是无辜的，只是说必须严格遵守规定的程序。

人们通常都认为，任何思考的最终目的一定要让思考者满意。所以到了最后，思考的目的当然是满足已经表达出来的那些情绪。

这里有三个难点。所提议的行动方案是否真的能满足那些已经表达出来的愿望？

……我不觉得降低价格能够真正提升销量。

第二个难点源于要满足一方的愿望，可能会损害另一方的利益。

……可以延长加班时间，或者招募更多的人手。前者将有利于那些已经工作的人，后者则有利于那些目前正处于失业状态的人。

第三个难点源于短期满足感和长期满足感之间的冲突。基督教的一个基本教义对此说得很清楚：如果一个人赢得了整个世界，却失去了自己的灵魂，他又得到了什么呢？

……我们可以提高广告费用，这可以立即增加企业收入。但从长期来看，这么做就是把广告客户推向其他媒体。

……如果降低价格，将顾客从其他航空公司那里吸引过来，会获得短期优势。然后其他航空公司会跟着我们降价，我们会再次失去那些顾客，不管怎样，我们的结果都是只维持了低利润。

……吃掉这盘炸薯条会让我很开心，但对我的体重而言可没有什么好处。

……我会把钱投到这出戏上，因为我喜欢主演纳里达，就是想看她演更多的角色。

……我希望大家知道，我支持这些令人兴奋的新技术创业公司，但从长期来看，我知道公司稳定的增长才是投资者们想要的结果。

无论对思考方法，还是所要考虑的问题，情绪都是必不可少的组成部分。希望它们消失或者把这部分拱手让给纯粹的思考，可没什么好处。

21

红帽思考：情绪的语言

情绪不一定有逻辑，也不一定前后一致。

情绪可以用适当的语言加以微调。

要克制住为情绪辩解的欲望。

戴上红色思考帽，最难的事情是克制住为已经表达出来的情绪辩解的欲望。这类辩解可能有对有错，但无论如何，既然已经是红帽思考，它们就毫无必要了。

……别管为什么不信任他，你就是不信任他。

……你喜欢把办公室设在纽约这个主意。没必要详细说明你为什么喜欢，等到要对此事做决策时再讨论原因也不迟。

我们在成长过程中，一直都在为自己的情绪和情感而感到抱歉，因为我们认为它们不属于逻辑思维。那就是为什么我们往往会将它们视为逻辑的延伸部分。如果我们不喜欢某人，势必得有个站得住脚的理由。如果我们喜欢某个项目，必然基于逻辑。红帽思考让我们摆脱了这种束缚。

这是否意味着我们就能够自由地拥有并保持随意形成的偏见了呢？这样做有没有什么大的危险？恰恰相反。与认识到偏见来自情绪相比，在表面上为偏见建立逻辑根源更加危险。

我并不反对探索情绪并为其寻找根源，但红帽做法不包括这些。

情绪变幻无常，往往还会前后矛盾。一项问卷调查曾询问美国人是否希望介入中美洲事务，绝大多数人赞成介入。然而对每一个单独提出的介入方法，绝大多数人都表示反对。人们有可能只是抽象地赞成介入，但一旦抽象被翻译为具体的语言，他们就开始反对了。从逻辑上这可能说不通，但在情绪世界里，的确如此。

红帽用语并非要为情绪高唱赞歌，虽然也不排除有人会倾向于这么使用。它更像是一面镜了，映照出每个人全部的复杂情绪。

据说因纽特人有20个词来描述雪。还有些文化用许多词汇来描述各种有着微妙差别的爱。英语和许多欧洲语言并没有大量表示情绪的日常词汇。我们只有喜欢／不喜欢、恨／爱、满意／不满意、开心／不开心。例如，我们可以用一个词来表示犹豫不定的褒义，用另一词表示犹豫不定的贬义。怀疑一词显然是严重偏向贬义的。

由于红帽思考让我们有机会勇敢地公开表达自己的情感，我们就能够对其进行微调，以适应当前的形势。没有红帽，我们往往只会使用更加强烈的词汇，并辅之以语气和面部表情。

……我觉得你对这笔交易犹豫不决。你不想做成这笔交易，但也不想被落下。你希望能旁观事态发展，等到时机成熟再参与进来。

……你不喜欢摩根，但又有些怕他，很想找出一个站得住脚的不喜欢他的理由。

……我们在这个问题上格格不入。

……关于这次商机，我觉得大家有些悄无声息地泄气。不是彻底失去热情，而是有点像一个充气橡皮艇那样在缓慢地漏气。可能大家感觉不到，但过一段时间再来看，显然要比以前松弛多了。

红帽让思考者可以自由地像个诗人那样对待自己的情感。红帽使情感有权大白于天下。

22

红色思考帽小结

戴上红色思考帽，思考者可以直言不讳地说：“这就是我对此事的感觉。”

红帽让情绪和情感变得合理，成为思考的重要组成部分。

红帽使情感大白于天下，从而成为思考地图的一部分，同时也成为最终在地图上选择路线的价值体系的一部分。

红帽让思考者有了一种方便的办法，可以在情感模式和非情感模式之间自由切换，没有这样一种机制，这是不可能做到的。

红帽让思考者可以通过询问他人的红帽意见来知晓他人的感觉。

当思考者使用红帽时，他们绝不应该试图为自己的情感辩解，或为其提供符合逻辑的理由。

红帽包括两大类情感。一类是普通情感，如恐惧和厌恶，也有更微妙的情感，如怀疑。另一类是复杂的判断，它们被归于诸如预感、直觉、感觉、品味、审美情趣等情感类型，以及其他不那么容易解释的情感类型。如果某个意见中包含大量这类情感，它也适用于红帽思考。

SIX THINKING HATS

黄色思考帽

想想阳光和乐观精神吧。头戴黄帽的思考者就是特意出发，去寻找某个提议中可能存在的任何优点。在黄帽下，思考者的意图是尽一切可能将创意付诸实施。

黄色思考帽要比黑色思考帽更难戴。人脑中有一种天然机制帮助我们避免危险，却没有跟黄帽有关的天然机制。因此比起黄帽，大多数人对黑帽的使用更加得心应手。

我们需要培养一种“价值敏感性”，也就是说，对价值要像当前对待危险一样敏感，这是个有待培养的习惯。我参加过许多创意会议，其中提出过很多出色的点子。遗憾的是，在场的人看不到自己的创意有何价值。如果你意识不到那是个好点子，努力让自己变得更有创造力不是纯属浪费时间吗？这就是为什么培养价值敏感性如此重要。

黄帽之所以重要，是因为它迫使人们花时间去寻找价值。有时人们戴上黄帽会发现很大的惊喜。有些看上去不那么有趣的东西突然有了很高的价值。即使最没有吸引力的点子，只要我们足够努力，也会发现它多少有些价值。

黄帽应该以逻辑为基础。对于所提出的价值，应该给出一定的理由。黄帽是基于判断而非幻想的思考帽。有什么价值？对谁有价值？在什么情形下有价值？价值是如何实现的？还有没有其他价值？

23

黄帽思考：冒险之帽——积极探索

积极思考。

黄色代表阳光和光明。

乐观。

关注利益和优点。

建设性思考和将想法付诸实现。

积极是一种选择。我们可以选择以积极的心态看待事物，可以选择关注事态的积极方面，可以主动寻找优点。

消极思考可以让我们免于犯错、冒险和危险。积极思考必然混合了好奇、趣味、贪婪和希望“将想法付诸实现”的愿望。人们可能会说，人的进步恰恰取决于这种推动事情发生的愿望。我曾在关于成功的书《战术：成功的艺术和科学》（*Tactics: The Art and Science of Success*）中写道，成功人士的特点之一，就是这种无法遏制的将想法付诸实施的愿望。

我之所以把黄帽定义为“积极探索之帽”，是因为任何计划和行动都是着眼于未来的，都要在未来才能实现或生效。我们对未来绝对不可能像对过去那样确凿无疑，因此就必须去推测未来的情况如何。之所以现在着手做某事，是因为它值得付出努力。而我们对这种“值得”或价值的评估决定了积极探索中有无“积极”的一面。

即使在考察已经发生的事情时，也可以选择着眼于积极的一面或对其做出积极的解读。

……积极的一面是，现在我们知道了他会如何采取行动，从现在起就不用再疑神疑鬼了。

……现在不妨戴上黄帽，看看积极的方面。柯达公司已经决定进入拍立得市场，因此他们必然会为其产品做广告。那会使公众更加了解即时成像的优点。那应该能帮助我们提高销量——如果公众认为我们的产品品质更优，就更是这样。

……未能通过那次考试是她最大的幸运了。她不会喜欢老师这个职业的。

对少数人来说，积极就是大脑的自然习惯。大多数人在提出创意时都是积极的；大多数人如果能够立刻自行发现某一创意中的优点，也会对其持积极态度。利己是积极思考的有力基础。黄色思考帽无须等待这类动机浮出水面，它就是思考者主动选择的思考机制。思考者并不是在看到某一创意的优点之后才承认其积极方面的，而是在那以前就主动去发现和考察。黄帽先行。思考者先戴上黄色思考帽，然后才去满足黄帽的积极乐观的要求。

用我前文中使用过的打印机的类比来说，黄帽为打印机注入了黄色，正如红帽注入了红色。

……在做其他事情之前，我希望你能戴上黄帽告诉我，你对这种新做法怎么看？

……你已经说了为什么不喜欢这个主意，以及为什么它多半不会奏效。现在我想让你认真地使用一下黄色思考帽。你看到了什么？

……从黄帽角度来说，你能否看到用塑料代替金属制造这一装备的优点？成本几乎没有差别。

……我想出售连体包装的炸薯条。大家似乎都不喜欢这个点子，你戴上黄帽，帮我看看？

……我不想知道什么中庸或客观的看法。我想知道纯粹的黄帽观点。

……我的黑帽思考告诉我，这种新型的廉价打火机会有损我们的产品销量。但黄帽思考的结果是，这种廉价打火机可以消灭中间市场，迫使某些买家向市场上游流动，购买昂贵的打火机，因而会使我们受益。

……在现在这种情势下，我们很难戴上黄帽。但报业罢工能让人们意识到他们有多需要报纸，报纸在某些方面要比电视好得多。

黄帽思考是积极思考，但它和白帽或黑帽一样需要很强的纪律性。黄色思考帽不仅要对业已出现的问题进行积极的评估，还要特意寻找积极的东西，有时还会无功而返。

……我此刻头戴的就是黄色思考帽，但找不到任何积极的东西可说。

……我会戴上黄帽，但不觉得会发现什么积极的方面。

有人会说，除非积极的方面显而易见，否则即便发现了也不会有什么价值。也有人会说，竭尽全力在大脑中挖掘没有多少实用价值的积极性毫无意义。这是对认知的误解。也许有些非常有力的积极方面并非一目了然，企业家的成功秘诀恰在于此。他们看到了周围的人尚未发掘的价值。价值和优点不可能始终浮在水面，必须努力找寻方可获得。

24

黄帽思考：积极的范围

乐观何时会变成愚蠢？

从满怀希望到合乎逻辑。

何为现实态度？

有些人即使在受骗之后仍对骗子充满好感。他们觉得骗子当时是真诚的，让他们感到失望的是事件的发展或自己的同事。他们记得骗子当初如何口若悬河地说服了自己，他们喜欢被说服的感觉。

总有些“小天使”[①]类型的人乐观到了愚蠢的地步。总有人严肃地期待着有朝一日能买彩票中大奖，并把生活的全部快乐都建立在这一期待之上。有些企业家总是盯着巨大的阿司匹林市场，认为只要他们能得到极小的一点点市场份额，一切努力都是值得的。

乐观在何时会发展为愚蠢和无谓的希望？黄帽思考是否应该不加限制、任其发展？黄帽思考是否应该根本不考虑可能性的问题，把这类因素完全留给黑帽思考？

积极的范围从一个极端的过度乐观延伸到另一个极端的逻辑实用。我们必须小心对待这个范围。历史无数次地证明，不切实际的远见和梦想可以给人以启迪，最终将那些梦想变为现实。如果我们把黄帽思考限制在言之凿凿和人尽皆知的东西上，则鲜有什么进步可言。

关键是要考察乐观之后的行动。如果该行动不过是些虚妄的希望（例如希望赢得彩票，或者希望某种奇迹发生，能够拯救企业于水火之中），那么这样的乐观无疑用错了地方。如

① 《小天使》（*Pollyanna*）是迪士尼公司于1960年推出的一部经典电影，根据伊莱娜 · H. 波特（Eleanor H. Porter）夫人的同名小说改编而成，讲述了父母双亡的孤女宝琳娜（Pollyanna）以积极乐观的天性感染了全镇居民的故事。由于电影大受欢迎，Pollyanna被收入英语字典，表示“乐观、开朗”之意。——译者注

果乐观能够导致在某一个精心选择的方向上采取具体的行动，就不那么容易判断了。过度乐观往往会导致失败，但也并非没有例外。毕竟，只有期待成功的人才能取得成功。

……还有渺茫的生存机会，沉船事件可能还有人幸存，登上了冰山。我们必须前去搜救。

……新政党的出现有可能会分散反对派的选票。

……如果投入巨大资金来宣传这部电影，应该会取得成功。

……它有希望被选为年度车型。我们应该做好准备跟进宣传，以防到时准备不足。

和其他思考帽一样，黄帽的目的是让思考的概念地图变得多姿多彩。因此，乐观的提议应予以注意，并在地图上标注出来。在标注出来之前，没有必要对这些提议进行详细评估。然而尽管如此，仍有必要对每一个这类提议进行粗略的概率估计。

可进行如下简单的概率分类：

已证实

基于经验和现有知识，非常有可能

通过不同事情的组合，很有可能

有一半的可能

只是有可能

希望渺茫或风险较大

这和白色思考帽中使用的范围有些相似。

可以选择永远不支持风险较大的提议，但那些愿景项目也需要标注在地图上。把它们标注出来，可以选择置之不理，或是努力改善其风险状况。但如果不标注出来，根本就没有选择的余地。

……我知道他很忙，出场价很高，但还是跟他联系并邀请他来参加会议开幕式吧。他可能会接受邀请啊，最多也不过是拒绝嘛。

……每个女孩都希望当演员，获得成功的却是极少数人，因此成功概率并不大。然而毕竟有人成功了，所以如果你愿意，不妨一试。

……你不可能在乡下的古董铺子里找到什么珍稀的艺术瑰宝。不过说起来，大多数珍稀的艺术瑰宝都出现在它们不大可能出现的地方。

25

黄帽思考：理由和逻辑证据

积极看法的根据是什么？

为什么你认为它会以这种方式发生？

乐观背后的原因。

乐观评估可能基于经验、现有信息、逻辑推理、暗示、趋势、猜想和希望得出。黄帽思考者是否必须说出其乐观思路背后的原因？

如果没有说出原因，“感觉良好”完全可以在红帽思考中作为感觉、预感或直觉提出，而黄帽应该大大向前迈进一步。

黄帽思考包括积极的判断。黄帽思考者应该竭尽全力为自己提出的乐观思路提供尽可能多的论据支持，这种努力应该是负责而全面的。然而黄帽思考不必仅限于能够被充分证明的观点上。换句话说，应该为证明乐观思路做出充分努力，但即便这样的努力没有取得成功，仍然可以把该观点作为假设提出来。

黄帽思考强调探索和积极的假设。首先要努力发现一切可能的优点，之后去尽力证明它们是否可能和合理。证明是为了强化提议。如果这种逻辑支持没有在黄帽下提出，那么它们就没有机会被提出了。

……我的黄帽思考表明，炒鸡蛋是很好的快餐食品。如果要寻找原因来支持这种观点，我大概会说，人们如今关注节食且偏爱清淡的食物。我还会说鉴于人们现在往往不再把鸡蛋作为早餐了，他们很有可能在其他时间摄入鸡蛋。

……行动手套系列怎么样？不光是能保暖的手套，还有能戴着开车的手套、能戴着吃饭的手套、能戴着做作业的手套。人们如今必须自己做很多事，他们也越来越关注自己的外貌和肌肤了。

26

黄帽思考：建设性思考

将想法付诸实施。

方案和建议。

想象一下，有 8 个聪明绝顶的批判型思考者坐在一张桌子四周，讨论如何改善城市供水的问题。这么多聪明人无从下手，直到有人提出了一个方案，才释放了批判思维训练的全部闪光点。但是那个方案来自哪里？谁受到训练提出了这个方案呢？

批判性思维是思考的一个非常重要的组成部分，但只有它是绝对不够的。我强烈反对的一个观念是，培养批判性思维就够了。这正是西方思维的传统，也是它的不足之处。

黑帽思考就包括批判性思考这方面内容。在介绍黑帽思考时，我清楚地指出，头戴黑帽的思考者需要充分发挥作用：尽可能激烈地进行批判。这是思考的重要组成部分，应当出色完成。

建设性和启发性的方面留给了黄帽思考；想法、建议和方案都是由黄帽思考生成的。我们会在本书后面部分看到，在设计新创意方面，绿色思考帽（创造力）也发挥了重要作用。

建设性思考之所以适合由黄帽来进行，是因为所有的建设性思考在态度上都是积极的。方案的提出是为了改善现状，也许是为了解决问题，也许是为了做出改进，也许是为了利用机会。无论如何，方案的本意都是为了促成某种积极的变化。

黄帽思考的一个方面与反应性思维有关，也就是它的积极评估方面，即黑帽代表的消极评估的反面。黄帽思考者在其面前的某个创意中挑选出积极的方面，正如黑帽思考者挑选出消极的方面。在本节中我要讨论的是黄帽思考的另一个方面——建设性方面。

……为改善供水，可以在埃尔金河上建一座水坝，这样就能形成一个水库。

……50英里外的山间有充足的水源，是否有可能铺设一条管道？

……一般的抽水马桶每一次的抽水量大约是8加仑。现在有些新设计只需1加仑。那样一来，每人每天能节省30加仑，每天共计节省900万加仑。

……循环用水怎么样？我听说有些新的生物膜方法能以更经济的成本进行水的循环利用。这样一来，污水处理问题也会有所缓解。我能否深入考察一下这个方案？

以上每一条都是具体的建议。建议一旦公开提出，就可以进一步审议并最终提交黑帽评估和黄帽评估。

……戴上黄色思考帽，给我更多具体的建议，越多越好。

……约翰，你有什么建议？该怎么解决这个问题？请戴上黄色思考帽。

在这一点上，有人会说，应该由“水利专家”来提出方案，而不该由外行人提出这类建议，外行人的角色应该是用自己的评判性思维来评估专家提出的方案。在很大程度上，这不过是一种政治习惯：由专业技术人员提出方案，再由政客来评估。在政治中的确应该有这类思维方式，但它也的确让决策者不得不仰仗专家。在其他领域，例如商业或个人思考中，思考者就是自己的专家，必须负责提出新点子。

建议和方案来自哪里？黄帽思考者是如何出台解决方案的？

本书篇幅有限，无法深入讨论设计和解决问题的各种方法。我曾在其他著作中提及此类话题。黄帽方案不需要多特别或多聪明。它们可能包括处理这类问题的常规方法，可能包括已知在其他领域中使用过的方法，也可能包括为了生成一种特定解决方案，把某些已知方法结合起来。

一旦黄帽将思考者的头脑引导到生成方案的方向，方案本身可能就不难发现了。

……摘下黑色思考帽。现在我们不评估现有方案了，戴上黄色思考帽，给出一点新的方案吧。

……我此刻头戴黄色思考帽，我建议让私营企业以具有竞争力的价格出售水。

……不，我们不准备切换到黑色思考帽模式。我不认为我们已经穷尽了所有可能的建议。是的，我们确实打算咨询专家和顾问，但不妨先建立一些可能的方向吧。

也就是说，现在还应该再来一些有建设性的黄帽思考。

因此，黄帽思考事关方案的生成，也与对方案的积极评估有关。在这两个方面之间还有第三个方面，那就是方案的制定或“发展”过程。这要比方案的反应性评估涵盖的范围广泛得多。这是更有建设性的部分。方案需要修改、改善和加强。

在黄帽思考的改善方面，我们需要改进黑帽思考挑出的错误。我已经清楚论述过，黑帽思考能挑错但无权纠错。

……如果让私营企业来接管供水系统，整个城市就有可能被一家垄断供水商控制，它就可以随意定价。

……可以规定最高水价来防止它们这么做。这个最高水价跟如今以通货膨胀准备金定价有关。

我要强调的一点是，黄帽思考的这种建设性思考方面不需要多么才华横溢、语惊四座，只要体现出提出具体方案的意愿即可，哪怕都是很普通的方案。

27

黄帽思考：投机远见

着眼未来。

“假如”的价值。

可能的最佳方案。

投资与猜想和希望有关。投资者天生就具有远见，虽说建筑商和货币操作员可能会倾向于不同意这个说法。投机型建筑商是在还没有顾客购买的情况下开始建造房子的，建好之后再去寻找顾客。

任何投机者都必须对潜在收益有很强的意识，还必须对未来充满希望。

黄帽思考更多地涉及判断和方案。它是一种用积极的希望推动事情有所进展的态度。黄帽思考力图发现可能的收益和价值，一旦它看见了这些，就开始朝着那个方向探索了。

在实践中，客观判断和发现积极价值的意图是截然不同的两回事。而我使用投机一词，就是指黄帽思考的这种探出头去、看向前方的特质。

……有一种新型快餐如今越来越流行。它是以墨西哥风味烹制的鸡排，做成“鸡肉卷”出售。戴上黄帽，跟我说说你怎么看。

……保险的种类太多，把人们都弄糊涂了。我们能否出台一种“总纲式”保险，把这一切都考虑在内呢？大家回去戴上黄色思考帽关注一下这个想法。下次来说说你们都有什么发现。

黄帽思考的这种投机性质是纯粹的机会思考，它超越了解决问题和改善现状。人们总是被迫解决问题，但没人强迫他们寻找机会。然而只要他们愿意，每个人都可以自由地寻找机会。

投机思考必须永远以可能的最佳方案开头。那样一来，我们就能够评估该创意可能带来的最大收益是什么。如果可能的最佳方案的收益甚微，这个创意就没什么考察价值了。

……在可能的最佳方案中，另一个店被迫关张，我们接管了本地区的所有业务。但我们觉得这好像并不能产生可观的利润。实际上，另一家店还在生存线上挣扎。

……在可能的最佳方案中，利率迅速上升，我们的固定利率流通抵押权的价值就让房子变得非常好卖了。

如果可能的最佳方案的收益有足够大的吸引力，问题就变成了那个方案实现的概率有多大——以及收益按预想的那样流动的概率有多大。

在其投机方面，黄帽思考想象出可能的最佳方案和最大收益。其后，黄帽思考就能够以“可能性”的方式把这些按比例缩减，最终由黑帽思考来指出存疑的部分。

这种对现状加以延伸，推演到未来的方式能够产生各种机会。“假如”某个特定事件发生或某个条件发生了变化，也一样能够产生机会。

……“假如”利率下降，证券价格会升高。

……“假如”油价下跌，大型车会更好卖。

黄帽思考的这种投机功能的一部分，就是要探索可能出现的“假如”类变化。

这根本不是把行动或决策建立在探索“假如”的基础上——尽管可能会需要采取一些预防措施，诸如对冲基金或办理一份火险。这是黄帽探索的一部分。

黑帽功能的一部分也是探索“假如”，但其关注的是风险和危险。黄帽功能的相应部分是为了探索风险的积极对应面，也就是所谓的机遇。

……这家连锁酒店在什么情况下会赢利？

……如果建立了卫星广播，会给广告商提供哪些新的机遇？

黄帽思考的投机方面也与愿景有关。

我在前一节中提到过黄帽思考中愿景和梦想的角色。在某种意义上，愿景超越了投机，因为愿景可以设定一个很难实现的目标。

在任何设计中，都有某种愿景先行。一个好的销售代表之所以能够达成交易，就是因为他能提出一种与客户共享的奇妙愿景，设计师也是一样，他力图向自己出售一种积极的愿景。愿景先行，然后才有形式和细节。这种愿景包括项目的收益和可行性两方面：它可以做，且值得做。

没有某种成就感和价值感，人很难做成任何事。

……我的愿景是有吸引力的低成本住房，并且觉得我也能够看到如何将其付诸实现。

……我有一种完全不同类型的经济愿景，能以一种全新的方式处理财富和生产效率的问题。

……我的愿景是希望在每一所学校教授思考这门基础课程。某些国家已经开始这么做了。

愿景的兴奋感和刺激感能够远远超越客观判断。愿景能为思考和行动设定方向。这是黄色思考帽的一个更深层的方面。

28

黄帽思考：与创造力的关系

建设性和创造力的区别。

有效性和改变。

新创意和旧点子。

黄帽思考与创造力并不直接相关，思考的创造部分是由绿色思考帽具体负责的，我们在下一部分会讨论到。

的确，黄帽思考的积极方面是创造力所必需的，而黄帽思考的积极评估和建设方面对创造力而言是不可或缺的。然而尽管如此，黄帽思考和绿帽思考是截然不同的。

有人可能是出色的黄帽思考者，却毫无创造力。我认为把这两顶思考帽混为一谈非常危险，因为那样一来，没有创造力的人就会觉得黄帽思考不适合自己。

创造力与变化、创新、新的想法和新的备选方案有关。有人可能是非常出色的黄帽思考者，但从未有过任何新想法。有效应用旧点子也是黄帽思考的适当行为。这些点子不一定是新的，人们甚至不一定愿意挖掘新想法。黄帽思考与完成任务的积极态度有关，它所关注的不是新意，而是有效性。

英语语言中的一些混淆恰恰是“创造力”这个词意义太笼统造成的。它有两个截然不同的方面。其一是“引发”之意，从这个意义上说，有人可能会创造出一片混乱。木匠打造了一把椅子，企业家则创建了一个公司。另一方面是“新意”，这本身也有歧义，因为新意也有两种，一种是不同于从前的想法；例如你的办公室安装了一个“新的”通信系统，尽管已经有成千上万家其他公司在使用该系统了。“新意”的第二种意思是绝对全新，也就是说，任何其他地方都没有产生过的某个发明或概念。

就艺术家而言，也存在矛盾之处。例如，一个画家清楚地为画坛创作了一幅前所未有的全新画作。既然这幅画作不可能与此前的任何一幅画完全相同，它就是“新的”。然而那幅画作中可能没有新的概念或视角。该画家可能拥有强烈的风格，将那种风格应用于一个又一个景观。在某种意义上说，这无异于为某一具体风格建立了一条生产线。

黄帽思考更多地关注“引发”。黄帽思考可能会提出一个在别处已经用过的点子并付诸使用，可能会对某一个问题提出多个备选解决方案，甚至可能会界定机遇。但黄帽思考并不改变概念或视角，这些是绿帽思考的事。

以积极的方式着眼于事物，本身就能创造一个新的视角，这有可能会发生在黄帽思考中。

……杯子并非半空的，而是半满的，还有半杯威士忌呢。

正像黑帽思考能够指出错误，并由绿帽思考去纠正错误，黄帽思考也能界定机遇，由绿帽思考去探索某种全新的方式来利用该机遇。

……越来越多的人需要将车停在城市中，怎么能从中挖掘出一些价值呢？

……假如能够吸引更多的商务旅行者来到这家酒店，就能提高房间价格。如何做到？我们先考察一些通常的点子，之后再戴上绿色思考帽，发现一些新点子吧。

29

黄色思考帽小结

黄帽思考是积极而有建设性的，黄色象征着阳光、光明和乐观。

黄帽思考与积极评估有关，就像黑帽思考进行的是消极评估。

黄帽思考覆盖一个积极的范围，从一端的逻辑和事实到另一端的梦想、愿景和希望。

黄帽思考探索价值和利益，继而努力发现逻辑证据来支持这种价值和收益。黄帽思考力图提出有根据的乐观主义方案，但并不局限于此——其他类型的乐观主义方案也属于黄色思考帽的范围。

黄帽思考是一种有建设性和启发性的思考方式。黄帽思考可以产生具体的方案和建议，它与操作技能和付诸实现的行动力有关。有效性是黄帽建设性思考力求达到的目标。

黄帽思考可能是前瞻性的，力求寻找机会，也允许愿景和梦想的存在。

黄帽思考与单纯积极的陶醉感（红帽）无关，与新创意（绿帽）也不直接相关。

SIX THINKING HATS

黑色思考帽

在六顶思考帽中，黑帽是被使用得最多的，或许也是最重要的一顶思考帽。黑帽是谨慎之帽，阻止人们去做那些非法、危险、无利可图抑或有妨害等诸如此类的事。

黑帽是生存之帽。动物必须了解哪些浆果有毒、分辨天敌靠近的危险信号。为了生存，我们必须谨慎。我们需要知道应该避免什么，需要找出哪些做法根本不会奏效。那是我们的生存之道。无论我们的想法多有创意，仍然可能因为一次愚蠢的错误而落得满盘皆输。

黑帽是西方文明的基础，因为黑帽是批判式思维的基础。传统辩论的基础向来是指出对方的矛盾或不合理之处。黑帽会指出某种事物不符合我们的资源、政策、战略、伦理、价值观等。

黑帽的基础是人脑的自然机制，也就是“不匹配”机制。大脑会形成自己预期的各种模式：这是这个世界应该有的样子。如果我们碰到与这些现有模式不匹配的事物，就会非常不适。这种自然机制确保我们不会犯错。

食物是好东西，是维持生命不可或缺的物质，但吃太多食物可能会导致超重或造成健康问题。那不是食物的错，而是暴饮暴食的问题。

同样，也有人会过度使用黑帽，花太多时间吹毛求疵。

这不是黑色思考帽的错，而是滥用、过度使用或使用不当的问题。

六顶思考帽方法的优点之一，就是在一个特别分配的时间段，邀请每个人尽量地谨慎、小心和批判性地思考。但在这一时间段之外，则不允许有人时时处处吹毛求疵。

经验表明，那些习惯性谨慎又有着找茬名声的人事实上很欢迎六顶思考帽方法。黑帽使他们能够充分发挥自己的批判能力。当人们转换到另一顶帽子，该思考者也就有机会摆脱谨慎模式了。许多时候，谨慎的思考者会惊奇地发现，他们带上绿色思考帽也会变得如此富有创意。

30

黑帽思考：谨慎和小心

某事为何不符合我们的经验。

为什么某种做法不奏效。

指出困难和问题。

始终处于法律许可的范围。

信守价值观和道德伦理。

黑帽是西方思维传统最“自然”的一项思考帽。我们总是戴着黑帽指出错误、不适当或不奏效之处。它保护我们不至于浪费金钱和精力、不做愚蠢的事情、不触碰法律的底线。

黑帽思考始终是符合逻辑的，必须有合理的逻辑理由才能进行批评。如果批评是纯粹情绪化的，批评者头上戴着的就是红帽而不是黑帽。

……我不喜欢降价这个主意。

……那是红帽思考。我想让你给我一点黑帽思考的结果，希望你给出符合逻辑的理由。

……好吧。根据我们过去的经验——我已经把销售数字都提供给你了——降价并没有导致销量上升到能够抵消利润率下降的地步，此外竞争对手们过去也曾通过降价来与我们展开竞争。

戴上黑帽提出的原因必须站得住脚。它们必须合乎情理，本身就有理有据，而不是由某个很有说服力的人说出来才显得合理。

黑帽思考并不平衡。戴上黑色思考帽，大脑会极为敏感地找到可能的危险、问题或障碍。其关注焦点是事情为什么不奏效或不正确的一面，其另一面是由黄帽思考呈现的。

有人说，根本就应该只有一顶名为判断的思考帽，戴上这顶帽子的思考者会找出某种情境或解决方案中的利弊。在哲学中这可能会奏效，但在实践中却没有什么用处。大脑一次只能在一个方向上保持敏感。

黑帽的明确性免除了思考者必须保持公平，以及同时看到事物的两面的需要。戴上黑帽的思考者要做的是尽可能谨慎。在黄帽下，思考者才着手寻找优点，人不可能同时有效地完成这两个任务。

正如其他思考帽一样，黑帽评价也始终取决于语境："这辆车的速度最多只能达到每小时 50 英里。"

这是个什么样的评价？

可能是头戴白色思考帽的评价，因为它不过是在陈述事实。

也可能是头戴黑色思考帽的评价。一般来说，我们都期待着汽车的车速更快一些。具体来说，如果我们这会儿急着要去哪儿，这就是一个非常典型的黑帽评价了。

然而在某些情况下，它实际上也可能是个黄帽评价。这可能是一个刚学开车的年轻人买的第一辆车。由于车速慢可以减少出现严重车祸的风险，车速只能达到每小时 50 英里可能就是个优点了。

黑色思考帽承认谨慎的价值和重要意义。

……我看得出来，这个主意很有吸引力。我们已经考察了它全部的优点。我觉得这里需要进行一点黑帽思考，我们需要知道潜在的危险和难点。缺点是什么？

……我们要意识到可能的危险，始终提防危险的发生。此处需要一点黑帽思考。

……我举双手赞成任命彼得担任这一职务，但我们应该首先做一些黑帽思考。

……广告宣传之后销量有了明显上升，还有什么需要注意的吗？不妨进行一些黑帽思考吧。

……我们两人都很喜欢这个房子，那是明显的红帽思考。现在花几分钟时间来点儿黑帽思考。

黑帽给谨慎思考提供了合适的空间。黑帽不仅支持和承认谨慎的价值，还明确表示它只是一种思考模式，对它的使用应该适当有效。

为了从某个提议或想法中提取出最大价值，必须进行彻底的黑帽思考。这有助于评估观点、设计创意。

就其评估作用而言，黑帽有助于决定应该继续执行还是放弃决策。最终的决定是白帽（事实）、黄帽（优点）、黑帽（谨慎）和红帽（直觉和情感）这几种思考模式相结合之后做出的。

就其“设计”作用来说，黑帽能够指出某一个主意有何弱点，以便纠正它们。

……这似乎是个绝佳的主意。让我们戴上黑色思考帽，竭尽全力寻找它的弱点，以便在当前的设计阶段想办法纠正那些弱点，而不致发现时为时已晚。

……我们决定采取这种行动方案了。需要列出所有潜在的问题、障碍和难点，以便能够提前规划，克服它们。现在大家都戴上黑色思考帽吧。

31

黑帽思考：内容和过程

指出思考中的错误。

质疑证据的说服力。

结论是否顺理成章？

这是唯一可能的结论吗？

大量传统的西式辩论都会攻击对方的论证过程：如果过程不正确，那么结论必然是错误的。事实上，结论还真有可能是正确的，只是其正确性还未得到证明罢了。

鉴于六顶思考帽方法与辩论方法截然不同，我们就没必要详细讨论程序了。但尽管如此，戴上黑色思考帽，仍然能够指出思考过程本身的一些缺陷。

……你刚才那句话是假设，不是事实。

……从你刚刚跟我们说的这些话，无法推出你的结论。

……那些数据与你上次给我们看的数据不符。

……那只是一种可能的解释，但并不是唯一的解释。

如果用上述评价在任何时候打断讨论，整个六顶思考帽方法的价值就遭到了破坏，我们将再次遭遇辩论模式的局限性。因此思考者应该注意并积累主要的批评论点，只有在使用黑色思考帽时才付诸使用。

有人戴着白色思考帽列出了一整套销售数据。一个在场的人知道，实际上那些都是5年前的销售数据了。此人是否应该当场打断他，指出这一错误？最好还是列出另一个白帽观点。

……你刚刚给出的这些数据都是5年前的了，我们没有最新的数据。

由于六顶思考帽方法与辩论方法大相径庭，辩论的规则在这里并不适用。问题不再是用一个观点把另一个观点驳倒，而是提出所有的可能性供审议和讨论。

……如果增加监禁和其他处罚措施，就能减少犯罪事件的发生。

听起来倒是个足够符合逻辑的推论，但实际上可能没那么合理。如果事实上被抓住的风险很低，或者被认为很低，那么增加惩罚力度收效甚微。还有可能使犯罪变得更加暴力：可能会倾向于杀人灭口。此外，在狱友的影响之下，延长监禁时间也会把普通罪犯变成冷酷的重犯。

这些都有可能发生，这往往能证明我们太缺乏想象力。

如果有实际的白帽数字表明，增加刑罚措施无论在长期还是短期都能减少犯罪的发生，那么那些数字要比这种表面上符合逻辑的推论更有价值。

……假期旅游可能会增加，因为家庭收入增加、机票价格下降，旅游的组织更加有序，或许子女的数量也少了。

……人们可能会对旅游产生厌倦。科技会提供全新的在家娱乐的方式。遥远的地方发生的那些疾病也会降低人们对旅游的兴趣。

正像在平行思考中一样，那些可能性被并列放在一起。

平行思考就是列出各种观点和异议。

逻辑推论对确切的真相刨根问底，六顶思考帽方法关注的则是可能性和概率。在现实世界里，我们很难对什么都做到确凿无疑，而必须以“概率”为基础采取行动。

……那的确有可能。但你还没有证明它确凿无疑。

的确，有时候事情可以以一种呆板的、逻辑的方式来得到解决。然而大多数实际的思考都是建立在概率基础上的。

尽管这么做很有诱惑力，但黑帽思考绝对不可回到“争论”模式。过程错误可以明确指出来，可以将表达不同观点的平行陈述记录下来。最后应该有一幅清晰的地图，上面标出所有可能的问题、障碍、难点和危险。这些都可以加以澄清和详细说明。

对于黑帽思考提出的这些困难，绿色思考帽会试图克服或加以应对。

首先，人们确实会觉得很难跳出来反对别人刚刚提出的观点。这就需要主持人或协调人出面维持思考帽的纪律了。

32

黑帽思考：过去和未来

未来可能会发生什么？

这是否符合过去的经验？

有哪些风险？

黑色思考帽的一个很重要的功能是风险评估。所有现在提议的行动都要在未来实施，这是“学术”思考和“现实”思考极为重要的差别所在。在学术思考中，只需要描述、分析并解释就够了，而在现实世界，还有行动因素——有时我称之为可操作性（operacy）。

如果我们采取这一行动方案，结果如何？

可以接受吗？

我们有没有足够的资源采取这一行动方案？

人们会作何反应？

竞争对手会作何反应？

哪些地方可能会出错？

有哪些潜在的问题？

它是否会持续创造利润？

我们必须把对未来的推测建立在自己和他人过往经验的基础上。

……在通货膨胀时期，人们省下的钱更多。

……在通货膨胀时期，人们省下的钱更少。

两句话都没错。过去曾有过通货膨胀时期，人们不再节省那么多的钱，因为人们知道钱会贬值。也曾有过另一些通货膨胀时期，人们节省下更多的钱，因为人们觉得自己需要更多的钱。如果有更高水平的理财手段，人们可能会选择借钱而不是省钱，因为最终的利率可能为负。

……在化妆品行业工作了20年，我想说根据我的经验，高端产品和普通产品最好不要用相同的品牌。那是错误的做法。

……在酒店行业，同样的主打产品可能会被冠以不同的品牌，放在完全不同的价格区间。事实证明这个做法很成功。

这两个都是基于经验提出的合理观点。第一个可能是在头戴黑帽时提出的，第二个则是头戴黄帽时提出的。实际上，黄帽说法也可以在头戴黑色思考帽时提出，质疑那句关于化妆品的陈述："那倒不一定，因为在酒店行业……"

在着眼未来并运用过去的经验教训时，问题始终是，那一特定的经验教训是否相关？当时的情况与现在是否相同？

……那种品牌推广策略在酒店业或许适用，因为你不会同时直接使用两种产品。但对早餐麦片来说，情况就不同了。

在黑色思考帽下提出评论的方式之一是："我认为可能出现的风险是……"

……我认为可能出现的风险是竞争对手也会降低价格跟我们竞争。

……我认为可能出现的风险是牛奶生产过剩。

……我认为可能出现的风险是新公司会提供廉价保险。

……我认为可能出现的风险是我们的葡萄酒定价过高，因为世界上许多国家现在都在生产优质的葡萄酒。

33

黑帽思考：过度使用的问题

批判很容易。

有些人喜欢只批判而不提出建设性意见。

我们需要做出贡献。

如前所述，黑帽是一顶出色的思考帽。但像许多好东西一样，黑帽也可能被过度使用乃至滥用。通心粉是很好的食物，但如果你每天顿顿都吃通心粉，大概就不会那么热衷了。

批判比建设容易得多。设计一把椅子很难，但批判一把椅子却要容易得多。如果椅子样式简单，你会批判它古旧无趣；如果椅子设计得很复杂，你会批判它俗气做作。倾向于批判的人总不愁找不到批判的对象，只需选择一个不同于所呈现的概念即可。

有些人的自以为是和自我形象就建立在不分场合的批判上。在会议中，人们希望参与其中、受到重视、做出贡献，而最容易做出的贡献就是“很好……不过”这类的贡献。如果一个创意95%都很棒，人们总是倾向于关注不那么棒的5%部分。在设计阶段这是很有用的，因为可以对失误的5%予以纠正。但在评估阶段我们需要认可95%，这种做法就不那么有用了。

过度使用黑帽百害而无一利，有时人们这么做就是为了表现自我。有人根本提不出任何其他类型的意见，除了批评什么都不会。这往往只是习惯问题。因为习惯于辩论，人们可以在任何时候提出批评。

一旦人们习惯了六顶思考帽框架，往往会改变“持久谨慎”的模式。戴上黑帽他们会有很好的表现——但戴上黄色和绿色的思考帽，同样能表现出色。他们会逐渐欢迎这种机会，因为可以以更多的方式来体现自己的能力。

切记要认识到黑色思考帽的好处和意义，但也要克制，不要过度使用黑帽。

34

黑色思考帽小结

黑帽思考事关谨慎。在某个阶段，我们需要考虑某个提议的风险、危险、障碍、潜在的问题以及缺点。一定要在行动之前对需要谨慎的方面做出全面考察，否则继续进行将是非常愚蠢的行为。黑帽就是关于小心行事的。黑帽寻求的是避免危险和困难，为我们指出哪些事项的不足或有害之处，需要关注。黑帽将我们的注意力吸引到那些需要关注的事项中。

黑帽可以用作评估的一部分：是否需要执行这一提议？

黑帽可以用于设计过程：需要克服的弱点有哪些？

黑帽试图列出未来的风险和潜在问题：如果实施了这一提议，什么地方可能会出错？

黑帽与“符合”密切相关。这一提议是否符合过去的经验？这一提议是否符合我们的政策和战略？这一提议是否符合我们的伦理和价值观？这一提议是否符合我们的资源供给？这一提议是否符合已知的事实及他人的经验？

头戴黑色思考帽时，我们直接关注“谨慎”的方面。这是生存、成功和文明的基础。

黑帽思考可能会指出思考过程本身的程序错误，但黑帽思考不是辩论，绝不可退回到辩论模式。黑帽思考的目的是在地图上标出谨慎点。

如果将其作为唯一的思考模式，黑帽思考可能会被滥用和过度使用。滥用不可能贬低黑帽本身的价值，就像危险和粗心驾驶汽车绝对不能证明汽车是危险的。

SIX THINKING HATS

绿色思考帽

绿帽是代表能量的帽子，想想植被和万物生长，想想春天的新叶和枝条。绿帽是代表创造力的思考帽。

我们戴上绿色思考帽时会提出新的创意，列出不同的选择和路线，既包括现有的路线，也包括无人走过的新路线。戴上绿色思考帽时，我们会力求修正或改善各种点子和创意。

绿色思考帽的重要意义就在于，辟出一个特定的时间段，让每个人做一些创造性的工作。创造不再只是“创意人士”的事，其他人都可以坐在桌前迸发出新点子。使用绿色思考帽的每个人都被期许着做出一些创造性的努力，否则就要保持沉默。人们不喜欢保持沉默，所以会努力让自己更有创造力。

特意分配出时间来进行创造性努力非常重要，因为这样做本身就认可了：创造力是思考的关键组成部分。

“期许”也非常重要。人们往往擅长完成他人所期许的事情，擅长参与自己认为有所进展的“游戏”。因此，那些从不认为自己有创造力的人也会开始做些创造性努力。他们的信心增加了，很快就和任何人一样具有创造力了。

戴上绿色思考帽时，你可以提出各种“可能性”。大多数人可能都没有意识到，可能性在思考中扮演着极为重要的角色。没有可能性，我们就不可能取得进步。两千年前，中国的科学技术遥遥领先于西方，但从那以后这样的时代似乎就结束了。人们常常听到的一个解释是，中国人不怎么提出猜想。缺少了这一关键的思考软件，就不大可能取得任何进步了。

有人认为进步来自对信息的分析和逻辑推理步骤，这一观念大错特错。没有可能性框架，我们甚至不可能以全新的视角看待信息。

正是在戴上绿色思考帽之后，人们才会提出建议的行动方案："我们可以做这个、这个，或这个。"绿帽也被用来克服思考者在头戴黑帽时提出的一些困难。绿帽还会建议对某一想法进行修正，从而避免那些困难，绿帽可能会提议还需要新增一个想法。

绿帽既包括"临时迸发"的创意，也包括"深思熟虑"的创意。

如果绿帽产生了很多有趣的点子和可能性，可能没有足够的时间在会议上一一讨论。这时可以使用红帽挑选出那些看上去适合套入某一具体框架的点子，比如，框架可能是"低成本点子"或"易于测试的点子"。其他点了可以随后再考察。这样就仍然能够以一种较实际的方式来使用绿帽产生的能量。

35

绿帽思考：创造性思考

新创意，新概念和新视角。

刻意创造新点子。

备选方案和更多的备选路线。

变化。

老问题，新方案。

绿色思考帽与新创意和我们看待事物的新视角有关。绿帽思考关注摆脱旧观念，发现新点子。绿帽思考关注变化，是朝着这一方向进行的刻意而专注的努力。

……让我们来点新创意吧，请诸位戴上绿色思考帽。

……我们陷入停滞状态了，我们一直都在考察同样的旧点子，现在迫切需要一个新视角。是时候刻意来一点绿帽思考了，开始吧。

……你已经列出了这个问题的传统解决方案，我们后面还会讨论。但现在先进行十分钟的绿帽思考，看看能否想出一个全新的方案。

……这里需要一个绿帽解决方案。

我们在身陷绝境时需要创造性。

我们在感到可以有更简单、更好的解决方案时，需要创造性。

这种希望以更好的方式解决问题的欲望，应该成为一切思考的背景。然而有时，我们需要以刻意而专注的方式利用创造力。绿帽机制使我们可以转向创意角色，恰似红帽思考能让我们随时转向“情感”角色，黑帽让我们转向谨慎角色。

事实上，我们对绿色思考帽的需要会大于其他思考帽。在进行创造性思考时，或许有必要提出一些明显不合逻辑的具有煽动力的点子。需要一种方式向周围的人明确表明，我们是在故意扮演滑稽小丑的角色，为的是刺激大家提出新概念。即使当它们没有煽动力时，新创意也是脆弱的萌芽，需要绿帽来保护它们免受黑帽习惯随即而来的风刀霜剑。

我在很多地方提到过，六顶思考帽的信号价值包括几个方面。你可以要求某人戴上某一顶特殊的思考帽，努力以其特定的方式进行思考。可以指出当前需要某种特定的思考方式。可以向他人发出信号，表明你正试图以某种特定的方式进行思考，因而请他们以适当的方式来看待你做出的贡献。最重要的方面之一，是你可以向自己发出信号。就绿色思考帽而言，这一点尤其重要。你特意戴上了绿色思考帽，也就意味着你准备腾出一段时间专门来进行创造性思考。这全然不同于等待创意降临。或许头戴绿色思考帽时你根本没有想出任何新点子，但你已经努力了。随着你越来越熟悉这种刻意进行创造性思考的方式，你会发现自己想出的新点子越来越多。这样一来，绿色思考帽就使得创造性思考正式成为思考过程的一部分，而不仅仅是一种可望而不可即的思考方式了。

创造性思考用语之所以在大多数人看来很难，是因为它与自然的认知、判断和批判习惯相悖。大脑被设计为一种“认知机器”，天然就会设置模式、使用模式并对任何无法“套入”模式的东西加以谴责。大多数思考者喜欢安全感，喜欢自己事事正确。创造性则需要刺激、探索和冒险。创造性需要我们进行“想法实验”。虽然无法事先说出该实验的结果，但你仍然希望能够进行这次实验。

……记住，我现在戴着绿色思考帽，才可以这么说。那正是绿色思考帽的作用。

……我觉得我们现在应该戴的是绿色思考帽吧？大家太消极了，那不是黑色思考帽吗？

……我的绿帽贡献是建议在释放长期监禁的犯人时，给他们一笔体面的津贴，这可以帮助他们快速融入社会，给他们一些缓冲，防止他们再次走上犯罪道路。如果你们愿意，就当这主意是抛砖引玉好了。

……在绿色思考帽的保护下，我想提议解散整个销售团队。

绿帽本身无法让人们更有创造力，但是绿帽能给思考者以时间，让他们专注于创造力。如果你花更多时间寻找备选方案，可能会发现更多方案。创意人士往往只不过是花了更多时间努力创新的人，因为他们有更大的动力发挥创意。绿帽机制提供了一种人造动力。我们很难动员人们增强创造力，但要求人们戴上绿帽，贡献一点绿帽思考的结果，却并非难事。

创造力不仅仅是积极乐观。积极乐观的情感适用于红帽，积极的评估适用于黄帽。绿帽思考需要实际提出新创意、新办法和更多的备选方案。

白帽思考期许人们明确提供中立客观的信息。黑帽思考期许人们提出某些具体的批判意见。黄帽思考希望收获乐观的评价，但并非每次都能成功。红帽思考期许得到所涉及情感的报告，即使这些情感是中立的。然而绿帽思考不要求任何投入，只要求付诸努力。绿帽思考要求人们腾出一段时间来生成新创意。即使如此，思考者可能也想不出什么新东西，但重要的是要花时间做出这一努力。

你不能命令自己（或他人）想出新点子，但你可以命令自己（或他人）花点时间努力想出新东西。绿帽就为此提供了一种形式机制。

36

绿帽思考：水平思考

水平思考及其与创造力的关系。

幽默与水平思考。

自行组织的信息系统中的模式转换。

在写到绿帽思考时，我使用了创造力一词，因为这是人们普遍使用的词。本书的许多读者可能从未听说过我或者我提出的水平思考的概念。此外我还想指出，绿帽思考包括各种各样的创造性努力，而不仅仅限于这类的水平思考。

我在 1967 年发明了水平思考一词，现在它已经是一个正式的英语词汇了。《牛津英语词典》收录了我发明的这个词。

需要发明水平思考一词的原因有二。其一，正如我在讨论黄帽思考时指出的，创造力这个词的含义非常笼统，又多少有些模糊。创造力似乎包括各种创造，从制造混乱到创作一曲交响乐。水平思考的含义则非常精确，意即改变概念和认知；这些都是由历史决定的人类经验的组织（模式）。

其二，水平思考直接基于主动的自行组织信息系统中的信息行为。水平思考是在一种不对称的模式系统中进行模式转换。我知道这听起来很专业，但诸位只需要使用这些技巧就可以了，没必要了解水平思考的专业基础。专业基础是提供给想要了解的人的。正如逻辑思考的基础是象征语言（一个特定的时空）的行为，水平思考是基于模式系统（也是一个特定的时空）的行为。

事实上，水平思考的机制与幽默机制有着非常密切的关系。两者都取决于认知模式的不对称性。这是思维突然跳跃或有所洞见的基础，其后事情就变得显而易见了。

水平思考的专门技巧（各种形式的激发和“行动”）是直接基于模式系统的行为的。这些技巧旨在帮助思考者跳过模式而不要机械地遵循模式。当跳跃到一个新模式，并被视为言之有理时，“太棒了”的欢呼效应就顺理成章了。

大多数思考文化都指向思考的“处理”部分。我们发展出了数学、统计学、数据处理、语言和逻辑等很多出色的系统，但所有这些处理系统都只能在由认知提供的数字、图像和关系的基础上运行。正是认知把我们周围这个复杂的世界简化成为这些形式，也正是在认知中，水平思考力图改变现有模式。

水平思考涉及态度、用语、步骤和技巧。我在《水平思考》（*Lateral Thinking*）和《管理中的水平思考》（*Lateral Thinking for Management*）中都谈到过这些，就不准备在本书中深谈这些了。

不过在接下来的几节内容中，我还是要谈到水平思考的几个基本点，因为在绿帽思考练习中，它们也是必要的基础。

37

绿帽思考：行动而非判断

将创意用作垫脚石。

它会把我带向何方？

创意的前瞻效果。

在一般思考中我们使用判断力。这一创意跟我已知的知识相比如何？与我现有的经验模式相比呢？我们判断某一创意能否符合某一模式，或者指出它为何不符合。批判性思维和黑帽思考都直接与此相关，即考察某一提议能否很好地符合已知的模式。

我们不妨称之为创意的落后效应。我们根据自己以往的经验来评估该创意。正如某一描述必须与其所描述的对象相契合，我们也期许各种观念和创意能够与我们的知识相契合。否则我们怎么知道它是正确的？

就大部分思考而言，判断（包括黄帽和黑帽类判断）至关重要，不可或缺。然而对绿帽思考来说，必须换一种不同的习惯用语，用行动（movement）来代替判断。

行动是水平思考的关键用语，是我发明的另一个词。我希望很明确地说明，行动并不只是不做出判断。许多早期的创造性思考方法都谈到推迟、暂停或延迟判断。我觉得那未免太弱了，因为它事实上没有告诉思考者应该做什么，只是说了不该做什么。

行动是一个主动用语。之所以要利用某一个创意，是因为它的行动价值。有很多种从创意中提取行动价值的专门方式，包括提取出原则和侧重于差异等。

有了行动，就可以利用创意的前瞻效果了。我们利用创意来看看它能把我们带向何方。事实上利用创意是为了前进。正如垫脚石可以帮助我们从河流的一岸跨越到另一岸，激发也可以用作垫脚石，从一种模式跨越到另一种模式。

我们将会看到，激发和行动是携手并进的。没有行动用语，就无法利用激发。除非我们能够利用激发，否则就会永远深陷在过去的模式中。

……我希望你能利用这个创意的行动价值而非判断价值。假设人人都会成为警察，情况会是怎样？

正是这样一个激发产生了“邻里监督组织”的概念，我在1971年4月的《纽约杂志》（*New York Magazine*）上详细阐述了这一概念。如今美国两万多个社区都在使用这一概念，即广大公民作为警方的耳目——为的是预防和发现社区内的犯罪行为。据说在应用了这一概念的地区，犯罪率大大降低了。

……假设汉堡可以做成方形的。诸位从这一创意出发，能够引领怎样的行动呢？

……假设有那种可以由个人直接出售给另一个人的可转让保险债券。用绿帽思考考虑一下这个创意吧。

这或许能够引领我们想到，事实上保险是可以转让的，这样一来，人们就会对自己进行风险评估。如果你属于AAA类风险，就能得到万能保险债券的某些收益；而如果你是AA类，获得的收益就少一些。

有时我们会把一个创意用作垫脚石，最终得到全然不同的另一个创意。我们只是从垫脚石中提取某种原则，继而付诸应用。另一些时候，我们认真考察“种子”创意，浇灌和培养它，让它茁壮成长。我们还会把一个模糊的创意塑造成具体实用的行动方案。所有这些都是行动方面。关键是要记住，使用创意是为了前进，或者以那个创意为出发点。

……想想这样一个提议吧，每个希望升职的人都应该穿黄色衬衫。戴上绿色思考帽，说说以此为出发点，会让你们想到什么。

……它会让我们想到那些选择穿上黄色衬衫的人的自我形象，他必须严格要求自己，符合那一形象。

……它会让我想到应当如何认可那些雄心勃勃但又无人赏识他们的才华的人，或许可以认真考虑一下给那些雄心勃勃的人提供一些技能培训。

……它会让我想到游戏规则。黄色衬衫是升职游戏中的特定规则，每个人都知道这一点。有多少雇员知道为了升职，自己应该做些什么呢?

……它会让我们想到那些不想被提拔的人。他们只要不穿黄色衬衫就能表现这一点，总有人就喜欢现在的工作。

……它让我想到一种提升领导力的方式。在冒险穿上黄衬衫之前，人们应该对自己在周围的人们心目中的地位很有把握才行。

这类行动可以产生很多有用的点子。这些点子中没有一个需要实际用到这里提到的黄衬衫。

……有人提议周六上班，换成周三休假。请你戴上绿色思考帽考虑一下？

……鉴于没人想在周末加班，有人提议我们干脆雇用一个在周六/周日上班的固定团队，那个团队是相当独立的。这个创意似乎不大可行，不过我们不妨戴上绿色思考帽思考一下。

事实上这最后一个创意最终被付诸行动，并取得了巨大成功。对某个创意进行一些绿帽思考能让它显得很有吸引力，值得尝试（在这个具体的例子中，黄帽思考也可以奏效）。

行动应该远远超越对创意进行积极评估。行动是一个动态的过程，而不是一个判断过程。

这个创意有什么有趣之处？有什么非同寻常之处？它提出了什么观点？会让我们想到什么？这类问题都是行动用语的组成部分。

切记，在绿帽思考中，要用行动用语完全取代判断用语。

38

绿帽思考：激发的必要性

"破"一词的使用。

荒诞的逻辑。

随机激发。

人们关于科学发现的描述风格总是千篇一律，仿佛它们都是按照逻辑方式有条不紊、按部就班地进行的。有时情况的确如此，但也有些时候，按部就班的逻辑只是人们描述所发生事实的后见之明。意外出现的错误或事故，往往提供了引发新创意所需的刺激。抗生素就是因为培养皿遭到青霉菌的污染而被意外发现的。据说哥伦布之所以敢横越大西洋，不过是因为他根据一份古代文献，把环球航行的距离算错了。

大自然就为我们提供了这类激发。我们无法找寻激发，因为它在现有的思维模式中没有一席之地。激发的作用是让思考跳出现有的模式。

激发的逻辑直接来自不对称的模式系统的逻辑［见《破：超越对错》（*Po: Beyond Yes and No*）一书］。

我们可以坐等激发发生，也可以主动生成激发。那正是水平思考所关注的。能够利用激发是水平思考的一个重要组成部分。

在上一节中，我们考察了行动用语。那就是利用激发的方式，所利用的恰是激发的行动价值，现在来看看如何创造激发。

多年前，我发明了“破”（po）这个词，作为一个象征符号，表示正在被作为激发或为其行动价值而提出的创意。如果诸位一定要刨根问底，这是一个缩写词，是 *provocative operation*（激发操作）两个词的首字母缩写。

“破”的作用相当于一面表示停战的白旗。如果某人摇着白旗走向城堡，向他射击无疑是破坏游戏规则的行为。同样，如果一个创意在“破”的保护下被提出，用黑帽判断立即将其否决也不符合游戏规则。

正如上文中提到的，从某种意义上来说，“破”这个词的作用与绿帽机制相同。头戴绿色思考帽的人可以提出“疯狂”的点子，绿帽的范围要比“破”广泛得多，而“破”更加具体，因此最好还是两者都用。

……“破”一下汽车轮子应该是方形的这个创意。

……“破”一下飞机应该倒着降落的情况。

……“破”一下购物者买东西应该获得报酬。

……“破”一下管理者应该提拔自己。

……“破”一下一个污染的工厂应该位于其本身位置的下游。

这最后一个激发最终导致人们想到通过立法规定，任何在河流沿岸建立的工厂，其供水的水源必须位于排水口的下游。这样一来，该工厂就是首当其冲地处于其自身产生污染的地方。

“破”一词还可以被看作是从以下这些词中提取出来的：猜想（hypothesis）、设想（suppose）、可能（possible）甚或诗歌（poetry）。在所有这些词中，创意的力量都来自于它的前瞻性效果——可以刺激某事发生。

一个荒谬或不合逻辑的点子，顾名思义，无法存在于一般经验中，因此就成为现有模式之外的创意。激发正是以这种方式迫使我们摆脱认知的习惯性模式的。一旦我们受到刺激而前进，就会发生三件事：一是可能根本无法采取行动，二是可能会退回到通常模式中，三是可能会转换为一种新模式。

正如我们需要正式的方法从创意开展行动，也需要正式的方法创造激发。这些都是水平思考的专门技巧。

例如，有一种很简单的获得激发的方法利用了逆向思维。说出某事通常的发展方式，然后运用逆向思维，从后往前推。

……购物者通常需要为他们购买的东西付钱，我们来个逆向思维，“破”一下商店若付钱给顾客会怎样。

……这可能会导致产生交易券的想法，也就是事实上支付给购物者每次购买东西所花费的很小一部分金额。

……这可能会使人们想到设立备用金，每入账 1 000 美元，就需要支付给购物者类似累积奖金之类的东西。

激发不一定是荒谬或不合逻辑的，也有可能把一些严肃的主意当作激发。如果有人提出了一个你不喜欢的点子，你本可以利用黑帽思考立即加以否定，这时不妨戴上绿色思考帽，选择将其看作一个激发。我们一直可以做出这样的选择。

……我觉得你这个“荣誉制度”商店的创意不可能奏效，因为荣誉制度很容易被滥用。不过我准备戴上绿色思考帽，将其看成一个激发。那会让我想到通过随机抽查来累计自己的账单，收支的误差大概会持平。

获得激发的一种很简单的方式是随意使用一个词。你可以随意想出字典里的某个页数，翻到那一页。然后再想一个数字，确定那个词在那一页的位置。例如，你可能会想到 92 页的倒数第八个词。名词要比动词和其他类型的词更好用。常用名词词汇表比字典更好用。

假设我们需要某些与香烟有关的新创意。随机词汇的选择结果是青蛙。

……这样就有了香烟“破”青蛙的思考。青蛙预示着跳跃，因此可以有一种每隔一小段时间就会熄灭的香烟。这可能有益于防止火灾发生，还可以促使吸烟者少抽几口，过后再继续抽同一根香烟。继而我们又想到一个新的品牌，就叫短烟，该香烟也的确可以设计得很短，每次只能抽两三分钟。

……我希望有一些关于电视机的创意。随机词是奶酪，就是电视机“破”奶酪。奶酪有孔，刺激我们想出一个有孔的电视屏幕。这意味着什么？或许可以有某种“窗口”，显示选定的其他频道正在上演的节目。

就逻辑而言，在说任何话之前都应该有一个理由。而就激发而言，只有在说话之后，才需要理由。激发会造成一种结果，正是这种结果的价值才让激发变得合理。

许多人可能根本无法想象一个随机词语会对解决某个问题有任何价值。随机的定义意味着这个词与当前形势没有任何特殊的相关性。然而在非对称模式系统的逻辑中，很容易看到为什么随机词也能发生作用。它提供了一个全然不同的出发点。一旦从那个新的出发点向前追溯，沿着某一条路线回到我们思考的主题的概率就会增加，而如果直接考察主题，大概永远不会选择那条思考路线。

如果说行动是绿帽思考的基本用语的一部分，激发也一样。就像在法国说法语一样，在戴上绿色思考帽时，我们使用激发和行动来进行创造性思考。

39

绿帽思考：备选路线

- 太容易满足。
- 路线、方案和选择。
- 备选方案的层次。

在中小学数学课上，我们求解一道算术题，得出答案，继而计算下一道题。没必要在第一道求和算术题上花费更多的时间，因为数学的答案只有正确与否，没有好坏之分。

许多人在后来的思考中沿用了这样的习惯。一旦有了解决某个问题的答案，就停止思考，满足于自己想出的第一个答案。然而，现实生活与学校里的算术题截然不同，现实生活的问题通常不止一个答案。有些答案要远远好于其他答案：成本更低、更加可靠或更易于实施。根本没有理由认为第一个想出的就是最佳答案。如果时间短暂，又有好多问题需要解决，可能有理由满足于第一个答案，但除此以外则不然。你会希望医生满足于自己头脑中迸发的第一个治疗方案，然后就不再考虑你的病情了吗？

因此我们把第一个答案记录下来，反正在任何时候都可以再回头来考察。继而着手寻找其他答案或解决方案。有了很多备选方案之后，就能看看哪一个更符合当前的需求和资源，从而挑选出最佳答案。

或许某种方式对完成任务来说已经足够了，但那并不意味着就没有更好的方式了。这是为什么要寻找备选方案，要想做出超越纠错或解决问题的改进，寻找备选方案是必要的。

本节到目前为止，我都在讨论已经有了某种行动方案的情况，在这类情况下，寻找备选方案完全是为了寻找更好的做法。而在有些时候，我们根本不知道该如何继续进行。

在规划旅行时，我们会列出各种备选路线。当我们头脑中有了一幅完整地图时，就能够寻找通向目的地的备选路线了。

备选路线的概念表明，做事的方法通常不止一种，看待任何事物通常都有好几种视角。

认识到有备选路线并着手寻找备选路线，是创造性思考的基本组成部分。的确，水平思考的不同技巧也是为了寻找新的备选路线。

愿意寻找备选路线（备选概念、备选解释和备选行动）也是绿帽思考的一个关键部分。

……与我们竞争的报纸刚刚提高了售价。戴上绿色思考帽，列出我们现在有哪些备选方案。

……我们刚刚收到一封勒索信，对方说如果不支付一大笔钱，他们就会在商场里我们的产品中下毒。大家先浏览一下目前有哪些显而易见的解决方案，之后戴上绿色思考帽，寻找一些更好的方案。

寻找备选路线意味着一种创造性态度：接受存在不同视角这一事实。在显而易见的备选方案被穷尽之前，实际寻找备选路线可能不需要任何特别的创造力。不过需要每个人专注于当前话题，列出已知的处理问题的方式。但这还不够。正如我们需要努力超越第一个解决方案，也应该尽力发掘创意，超越那一套显而易见的备选方案。严格说来，在进行这种额外的寻找时，或许只需要进行绿帽思考。寻找的第一部分甚至会用到白帽思考："浏览一下一般用于这类情形的解决方案。"

在实践中，将寻找备选方案的整个过程都放在绿帽思考这部分会更方便一些。

在商业培训中，人们会着重强调决策。然而任何决策的质量都在很大程度上取决于决策者有多少可用的备选方案。

……我们必须决定到哪里举办本次假期露营活动。请诸位戴上绿色思考帽，列出所有的备选方案。然后再一一排除。

……该如何分配这些电脑？有什么备选策略？

许多人认为，逻辑扫描就可以覆盖所有可能的备选方案。这种情况在封闭系统中是有可能的，但在实际情形中却很少发生。

……只有三种备选方案：我们可以保持原价，可以减价，也可以提价。除此之外没有其他做法了。

的确，就价格而言，任何可能的行动最终都必然会落入这三者之一。然而可能的变量却不计其数。可以晚一些时候再降价（多久以后？）；可以对某些产品降价；可以改变产品，生产低价版本；可以改变产品宣传方案，以此来证明较高价格

（保持原价甚或提价）的合理性；可以暂时降价，随后再次提高价格；可以保持原价给予特别的优惠折扣；还可以降价之后对某些备选产品额外收费。等到把这些备选方案（还有很多）全部考察完毕，的确可以把它们归为三个选择类别中的一个，但列出三个选择本身却无法产生所有这些备选方案。

僵化的思考者经常会犯的一个错误，就是列出备选方案的主要类别之后就停滞不前了。

……事实上我想要同时提高和降低价格。我们应该创建一个低价商品系列，以及一个高价的优质产品系列。

这里有不同层次的备选方案。假设我有一些闲暇时间，该如何利用这段时间呢？可以去度假，可以选修一门课程，可以做很多园艺工作，也可以赶一些工作进度！

如果我决定去度假，就来到了下一个层次。我想要度过一个怎样的假期。可能是去海滨度假，可能是邮轮旅行，也可能是户外运动假日。如果选择海滨日光假日，就来到了下一个层次：该去哪里？可能是地中海，可能是加勒比海，可能是太平洋岛屿。接下来就要面临如何到达和住在哪里的问题。

无论任何时候寻找备选方案，都是在一个大家公认的框架内进行选择，该框架确定了层次。通常我们都愿意在那个框架内进行选择。

……我请你提供伞柄的一些备选设计方案，而你提供给我的是雨衣的设计方案。

偶尔也需要质疑该框架，将其提到更高的层次。

……你让我提供货车装载的备选方案。我要说的是，用火车来运送我们的产品可能会更好。

……你让我提议用哪个媒体进行广告宣传，我要说的是，我们不如把同样的钱花在对外公关上。

一定要偶尔质疑框架、改变层次，但也要准备好在特定的层次内生成备选方案。创造力的名声有时候会很坏，就是因为创意人士试图解决的问题跟他们被要求解决的问题根本就是两码事。这一直是一个真实存在的矛盾：何时应该在一个给定框架内工作，何时应该突破框架。

接下来我们要面对的是所有创造力中最难的一点——创意暂停。除非自行选择这么做，否则创意暂停是不存在的。

某事进展得很顺利。我们已经寻找到明显的备选路线，明确提出了问题的不同解决方案。还希望从创造力中获得些什么呢？

我曾经花了好几分钟时间试图关掉一直没响的闹钟，此前我都没有停下来，想想那个闹铃声可能是从其他闹钟发出来的。

当我们说下面这句话时，创意暂停就产生了："我没有明显的理由在这个节点停下来考虑备选方案，但我就是准备这么做。"

一般来说，我们都是以问题为导向的，因而即使没有了问题，还会倾向于继续思考下去，而不是暂停一下为自己创造一些更有益的想法。

……我并不认为这里有问题，因为的确没有。但我想让诸位戴上绿色思考帽，来一点点创意暂停，在出售汽车之前，考察一下汽车烤漆的通常习惯。

……在这里来一点绿帽的创意暂停吧：销售人员的销售业绩是可以获得佣金的。

……想想汽车的方向盘，它能很好地操作。暂停一下，戴上绿色思考帽想一想这个问题。

40

绿帽思考：性格与技能

创造力是技能问题、天赋问题还是性格问题？

换个面具总要比换张脸容易。

发挥技能时的自豪。

常常会有人问我，创造力是技能问题、天赋问题还是性格问题？正确答案是三者兼有，但通常我不会给出这个答案。如果我们不努力培养创造技能，那只可能是天赋和性格的问题。人们都准备好接受创造力是天赋和性格问题了，因此既然他们自己不具备创造力，就完全可以把创造的事情留给他人去做。因此我会强调有意培养有创造性的思考技巧（例如通过水平思考技巧）。我继而会指出，有些人更擅长思考，就像有些人更擅长打网球或滑雪——但大多数人都可以达到熟练思考的能力水平。

我不喜欢创造力是一种特殊天赋这个观点，而更愿意把它看成是每个人思考中正常且必要的一部分。并非每个人都是天才，但也并非每个网球运动员都希望在温布尔登夺冠。

我总是听说那些天生的黑帽思考者的故事，他们似乎乐于摧毁一切改变现状的主意或建议。有人问有没有可能让这种人的性格更温和一些，有人问哪怕这些人自己根本不想运用创造力，能不能让他们对创造力更加宽容一些。

我觉得性格是不可能轻易改变的，但如果向一个人说明了“创造力”的逻辑，那可能会对他看待创造力的态度产生持久的影响，我曾亲身经历过好几次这类事例。最实用的方法当属使用绿帽用语。

……你头戴黑色思考帽时做得很不错，我不想削弱你在批判方面的效能，但现在我们戴上绿色思考帽如何？看看你能否在这方面有所作为。

……或许你喜欢只戴一顶思考帽来思考问题，或许你并不是个多面手，或许你只能唱一种调调，或许你必须保持消极专家的身份。我们只会在需要黑帽思考时吸收你加入讨论。

没有人喜欢被人认为只能单方面发展。如果一个思考者在黑帽思考方面做得很出色，他会希望自己至少被看作是一个合格的绿帽思考者。

把绿帽和黑帽明确分开，意味着黑帽专家不会认为他必须削弱自己的消极观点才能拥有创造力。如果他要持消极观点，尽可以像以往一样消极（而不是要企图改变自己的性格）。

悲剧面具和喜剧面具是两副截然不同的面具，不需要更换演员。一个演员能否演好每一个角色取决于他戴着哪一副面具。既能演喜剧也能演悲剧，他当然会为此而自豪，为自己拥有身为演员的技巧而自豪。

同样，思考者也应该为拥有身为思考者的技巧而自豪。这就意味着他能够头戴六顶不同的思考帽，每次都能进行相应的思考。我在本书前文中提到过这一点。之所以在这里重复，就是因为我们要面对消极性格这个现实问题。

……现在我们要进行一点绿帽思考。如果你做不到，不妨安静一会儿。

……你至少应该努力尝试使用绿帽思考。如果你连尝试都不肯，你永远不会对自己有信心的。

创造性思考通常处于弱势地位，因为人们认为它不是思考的必要组成部分。绿帽的形式感将其提升到与其他思考帽相同的地位，被公认为思考的一部分。

41

绿帽思考：创意的遭遇？

接下来会发生什么？

塑造和定制创意。

创意管理者。

创造性最薄弱的环节之一，是“收获”创意。我曾参加过许多创意会议，其中提出了不少好点子。然而在汇报阶段，那些点子大多都没有被与会者注意到或挑选出来。

我们倾向于只看最终那个聪明的解决方案，对其他方案统统置之不理。除了这一聪明的解决方案之外，其他很多方案也都很有价值。其中有些提出了新的概念，即使或许还没有什么具体的路线表明如何朝着那个方向前进。有些是未完全成形的创意，当前还不能运用，还需要付出很多努力才行。还可能会出现新的原则，即便它们尚未披上实用的外衣。或许会有“创意偏好”（即生成创意的类型）的转变，或许会有可见的解决方案领域（人们在哪里寻找解决方案）的转变，或许会有新界定的“创意敏感区”（新概念能够引发重大突破的领域）。所有这些问题都应该注意。

塑造和定制创意应该成为创造过程的一部分，使之更接近于满足两类需求。第一类需求是适应形势，应该努力把创意塑造成为一个可用的点子。这就需要引入限制条件，对创意加以塑形。

……那是个好主意，但以其目前的形式难免代价太高昂。如何改变一下它的形态，使之不那么昂贵呢？

……当前的建设法规不允许我们那么做。能否给这个创意塑形，使之不违反现行法规？有可能吗？

……对大公司来说那是个不错的产品。但我们是小公司，能不能想出什么办法运用这个创意？

注意，引入限制条件是为了改变创意的形态，可不是拒绝创意的过滤器。

第二类必须满足的需求是那些准备就该创意展开行动的人的需求。很遗憾，这个世界并不完美。要是人人都像创意的提出者一样觉得某个创意才气过人又大有潜力，那当然不错，但事实往往并非如此。创意过程的一部分就是要对创意加以塑形，使之更好地满足那些希望采纳该创意的人的整体需求。

……目前人们只对省钱的创意感兴趣，是否有什么办法让人们看出这个创意也能省钱——不管是现在还是将来？

……要使人们乐于接受，创意不可太过新奇。得让它看起来像某个已经尝试过且已知奏效的旧点子。应该找到什么用来做比较？

……人们非常重视能以试用的方式来测试创意，我们该如何测试这个创意？

……高科技是一股新的潮流，电子科技能否改善这个创意？

有时，这个过程看起来可能会让人觉得不够诚实，然而为用户设计产品实在没有什么欺诈可言，因此，需要在设计创意的过程中让它符合用户的需求。

在我的某些著作中，我曾提到过创意管理者的角色，也就是负责激发、收集和管理创意的人。此人将召开生成创意的会议；向负责解决问题的人提出问题；像财务经理寻找融资一样寻找创意。

如果有这么一个人，就该由此人来收集绿帽思考的结果。如果没有，其结果就只能由那些生成创意的人留下自用了。

接下来是黄帽阶段。这包括对创意进行建设性的开发，还包括积极评估并寻找有证据支持的收益和价值点。这些问题都已经在黄帽思考中讨论过了。

再下来轮到黑帽思考。在任何阶段，在评估该创意能否奏效，或者即使不能奏效，是否有任何价值时，都可以随时启用白帽思考来提供所需的资料。

最后一个阶段是红帽思考：我们是否真的喜欢这个点子，愿意继续实施下去？在最后阶段对它进行情感判断或许显得有点儿奇怪，但这么做是希望这一情感评估能够建立在黑帽思考结果和黄帽审查的基础上。说到底，如果人们对某个创意毫无热情，那么不管它有多新颖有趣，都不大可能会成功。

42

绿色思考帽小结

绿色思考帽是为创造性思考而设计的，头戴绿色思考帽的人将使用创造性思考的用语。周围的人们必须将其思考结果视为创造性结果，思考者和倾听者最好同时戴上绿色思考帽。

绿色象征着丰饶、生长和种子的价值。

寻找备选方案是绿帽思考的基本方面。我们有必要超越已知、浅显、满足。

绿帽思考者利用创意暂停来考察，在任何一个节点上是否有可能还有其他备选方案。这种停顿不需要理由。

在绿帽思考中，行动用语替代了判断用语。思考者力图从一个创意展望未来，看看能否得到一个新创意。

激发是绿帽思考的一个重要组成部分，我们用“破”这个词来表示。激发是为了帮助我们摆脱通常的思考模式。产生激发的方法有很多，随机词语就是其一。

水平思考是一套态度、用语和技巧（包括行动、刺激和“破”），简化了自行组织的非对称固有行为方式系统。它可以用于产生新的概念和新的视角。

43

六顶思考帽方法的优点

在实践中，使用六顶思考帽方法最令人瞩目的一点，是每个决定看上去都是那么水到渠成。当你最后戴上蓝色思考帽时，在座的人往往都对决定一目了然。理论上这似乎难以置信，但事实上的确时有发生。

在伦敦的《金融时报》详细报道了这一方法之后的那一周，我收到一封来信，写信的男子此前正跟太太一起选房子，两人对于是否该买一处乡下的豪宅犹豫不决。讨论了好几个小时，男子最终建议使用六顶思考帽方法，他曾在报纸上快速浏览过这个方法。他写信告诉我说，他们在 10 分钟内就做出了决定——一个让两个人都很满意的决定。

在从未尝试过这一方法的人看来，思考帽似乎能帮助你全面了解某一主题，然后就能自然而然地得出某个具体的决定或进入设计阶段了。这种看法漏掉了一个事实，即某些思考帽——红帽、黄帽和黑帽——是用来评估的，而不仅仅是补全信息。

如果你不得不开车前往某一个目的地，相关人员并不十分熟悉路线，你们必然会就应该走哪条路产生大量争论。然而，如果有一张地图标出了所有的道路、交通密度和路面状况，就很容易选出最佳路线了。选择对每个人而言都一目了然。这正是六顶思考帽方法的精髓。

如果不可能做出决策，则最终的蓝帽应该列出无法做成决策的原因。可能需要就某一个问题收集更多信息，也可能是不同的价值观无法调和。如果最终的蓝帽能够确定一个新的思考焦点，那么这个新的思考焦点就会成为下一次思考会议的任务。

特殊技巧

戴上最后那顶蓝色思考帽，总有可能在必要时引入某些特殊的决策技巧。这类过程之所以没有被排除在外，恰恰因为使用的是六顶思考帽方法。但要记住，只有在很难得出结论时，才能引入这些技巧。它们往往并非必需的，引入它们反而会毫无必要地让情况变得更加复杂。

绝非意外

使用六顶思考帽方法，做出决策看来水到渠成，这的确并非意外。毕竟我们自己做出决策时，或多或少都要经历同样的过程（利益、弊端、情感、事实）。六顶思考帽方法彻底执行了这一过程。因此，个人头脑中进行的思考如今只是更系统、更透明罢了。

正如在任何决策过程中一样，最终的决定或许很难或根本不可能达成。这可能需要平衡两种彼此冲突的价值观，也可能取决于对未来的猜想——而当前根本无法消除关于未来的不确定性。在这一节点，我们需要设计能够囊括两种选择的前行之路。如果连这也不可能，且仍然无法做出决定，不妨作一个红帽决策。

最终，所有的决定事实上都是“红帽决定”，我们列出了所有要素，但最终的决定永远事关情感。

思考最大的敌人是复杂性，因为那会导致混乱。当思考过程清晰简单，它本身就很愉快，也更有效。六顶思考帽概念很容易理解，使用起来也很简单。

六顶思考帽概念有两个主要目的。第一个目的是通过让思考者每次只处理一件事，来简化思考过程。思考者不需要同时应对情感、逻辑、信息、希望和创造力，而是逐一应对上述种种。思考者不需要使用逻辑来支持半遮半掩的情绪，而是可以利用红色思考帽，直接坦率地表达情绪而无须为其正名。继而由黑色思考帽来负责逻辑任务。

六顶思考帽概念的第二个主要目的是允许在思考过程中进行转换。如果有个人在会上始终都很消极，不妨请那人摘下黑色思考帽。以这种方式发出信号，表明其一直都表现得很消极。还可以请那人戴上黄色思考帽，这是直接请他（或她）积极一些。这样一来，六顶思考帽就提供了一种用语方式，目的明确，又不致冒犯某人。最重要的是，这种用语方式不会侵犯到某人的自我或人格。只需转入某种角色扮演甚至游戏中，思考帽概念就能让我们明确要求进行某些特定类型的思考。思考帽就变成了一种指令的速记符号。

我并不是说在思考的每时每刻都应该有意识地使用某一顶思考帽，那完全没有必要。我们偶尔也会希望以一种正式架构的顺序经历一下更换思考帽的程序，在这类情形下，往往要事先列出架构。更常见的情况是，需要在讨论过程中正式戴上这一顶或者那一顶思考帽，或者要求他人在讨论中戴上某一顶特殊的思考帽。起初，这可能会显得有些别扭，但很快提出这样一个要求就会显得非常自然了。

显然，只有当组织中的每一个人都清楚游戏规则，这一框架才是最有用的。例如，所有习惯于在会议中讨论问题的人，都应该清楚不同思考帽的含义。只有当它成为一种共同语言，整个概念才是最有效的。

在很多组织中，思考帽的象征意义都成为他们日常语言的一部分——也成为他们更有效地指导思考的一个手段。

关于六顶思考帽

爱德华·德博诺发明了水平思考（lateral thinking）的概念。作为举世闻名的作家和哲学家，他在创造性思考和直接教授思考技能领域是首屈一指的权威。自德博诺博士提出水平思考这几十年来，它已经成为我们头脑中根深蒂固的概念，这个词语广泛应用于各行各业，无论是物理学课堂、情景喜剧还是智囊讨论会。他的主要贡献是将人脑理解为自组织的系统。他的工作超越了时空界限，涉及几代人、几大洲和若干信仰体系，大到苹果和英国航空公司等顶尖企业的董事会，小到非洲农村教室里的破旧书架，他的影响无处不在。

德博诺博士写过六十多本书，它们被翻译成40种语言，如今世界各地的人都在教授他的方法。他主持过一个特殊的诺贝尔奖得主高峰会议，接受过牛津、伦敦、剑桥和哈佛等大学的教职邀约，被誉为对人类做出过最大贡献的250人之一。

德博诺博士的经典畅销书包括《六顶思考帽》、《水平思考》、《我对你错》、《如何变得更有趣》、《教会你思考》、《教你的孩子如何思考》和《简化》。

详见网址www. debonochina.com。

德博诺的其他经典著作

《我对你错》(*I Am Right You Are Wrong*)

《如何变得更有趣》(*How to be More Interesting*)

《水平思考》(*Lateral Thinking*)

《简化》(*Simplicity*)

《教你的孩子如何思考》(*Teach Your Child How to Think*)

《教你如何思考》(*Teach Yourself to Think*)